电力系统远动原理及应用

DIANLI XITONG
YUANDONG
YUANLI
JI YINGYONG

丁书文 编

U0359844

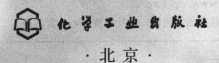

化学工业出版社

·北京·

图书在版编目（CIP）数据

电力系统远动原理及应用/丁书文编. —北京：化学工业出版社，2009.6（2017.9重印）
ISBN 978-7-122-05400-5

Ⅰ. 电… Ⅱ. 丁… Ⅲ. 电力系统-远动技术 Ⅳ. TM764

中国版本图书馆 CIP 数据核字（2009）第 060306 号

责任编辑：高墨荣　　　　　　　　装帧设计：王晓宇
责任校对：宋　玮

出版发行：化学工业出版社（北京市东城区青年湖南街 13 号　邮政编码 100011）
印　　装：北京盛通数码印刷有限公司
720mm×1000mm　1/16　印张 13½　字数 234 千字　2017 年 9 月北京第 1 版第 7 次印刷

购书咨询：010-64518888　　　　　　售后服务：010-64518899
网　　址：http://www.cip.com.cn
凡购买本书，如有缺损质量问题，本社销售中心负责调换。

定　　价：29.00 元　　　　　　　　　版权所有　违者必究

前　言

电力系统远动技术是运用通信、电子和计算机技术采集电力系统实时数据，对电力网和远方发电厂、变电所的运行进行监视与控制的技术。它是应用通信技术，完成遥信、遥测、遥控和遥调的总称，将微型计算机技术、通信及接口、智能控制、检测与转换、多媒体等高新技术有机地融为一体，集中了技术先进、功能完备、应用灵活、运行可靠、监控范围广等优点。电力系统远动技术是电力系统现代化调度和管理的主要技术手段，在保证电力系统的安全经济稳定运行方面发挥着重要作用。

本书以大量的应用实例说明了微机远动技术相关知识与应用技术。全书共五章，第一章介绍电力系统远动技术定义、功能、系统模式、应用领域、技术发展等；第二章介绍远动系统的数据通信网络、数据编码与调制、数据远传的信息通道、计算机网络及局域网技术的应用等；第三章介绍微机远动系统，其中包括厂站端远动装置、遥信量的采集和处理、遥测量的采集和处理、远动装置的遥控和遥调、调度端的远动主站装置等；第四章介绍远动通信规约及应用，重点介绍了电力信息传输规约、循环式传输规约、问答式传输规约、104 远动规约等，并阐述了规约的应用情况；第五章介绍微机远动装置的运行与维护，包括远动装置的运行管理、远动装置的定检作业、远动装置常见故障分析及处理等技术。

本书第一章、第四章、第五章由丁书文编写；第二章、第三章由丁书文和董雪峰共同编写。

由于本书所涉及内容大多为新原理、新技术，加上编者的水平有限，书中疏漏之处在所难免，望读者批评指正。

编者

目 录

第一章
电力系统远动概述

第一节 电力系统的远程监控

现代电力系统由发电厂、变电所、输配电线路和用电设备等组成。为保证对用户的供电质量，同时提高电力系统运行的安全性和经济性，电力系统中除配备必要的自动装置外，还设有国家调度、大区调度、省级调度和地区调度等各级调度中心，由它们监视控制发电、输电和配电网的运行情况。电力系统调度中心的任务，一是合理地调度所属各发电厂的出力，制定运行方式，从而保证电力系统的正常运行，安全经济地向用户提供符合质量要求的电能；二是在电力系统发生故障时，迅速排除故障，尽快恢复电力系统的正常运行。为此，调度中心必须随时了解发电厂及变电所的实时运行参数及状态，分析收集到的实时数据，做出决策，再对发电厂及变电所下达命令，实现对系统运行方式的调整。

因此，电力系统调度控制的主要作用可描述如下。

① 采集表征电力系统运行状态的各种实时信息，进行安全监视，确保电网安全运行。

② 制定、执行运行计划。实现发电控制和电压调整，保持系统的频率和电压水平，保证供电质量。同时根据负荷预测以及资源、机组、网络结构、系统间交换功率等情况，在保证系统安全及供电质量的前提下，使发电成本最低，确保电网的经济运行，合理安排设备的检修计划和倒闸操作。

③ 进行电力系统安全水平的分析与校正控制或预防控制。进行事故处理，在紧急状态下进行安全控制以防事故扩大。在恢复状态下执行恢复控制，使系统回到正常状态运行。

由于电能生产的特点，能源中心和负荷中心一般相距甚远，电力系统分布在很广的地域，其中发电厂、变电所、电力调度中心和用户之间的距离近则几十公里，远则几百公里甚至数千公里。要管理和监控分布甚广的众多厂、所、站和设备、元器件的运行工况，已不能用通常的机械联系或电话联系来传递控制信息或反馈的数据，必须借助于一种技术手段，这就是远动技术。它将各个厂、所、站的运行工况（包括开关状态、设备的运行参数等）

转换成便于传输的信号形式，加上保护措施以防止传输过程中的外界干扰，经过调制后，由专门的信息通道传送到调度。这些信息直观地显示在调度中心的屏幕显示器上和调度模拟屏上，使调度员随时看到系统的实时运行参数和系统运行方式，实现对系统运行状态的有效监视。在需要的时候，调度员可以在调度中心操作，完成向厂站中的装置传送遥控命令或遥调命令，这些命令输出到厂站的自动装置后，实现对某些开关的操作或对发电机的出力进行调节等。

电力系统调度的远程监控基本结构框图，如图 1-1 所示。图中调度端和各厂站端由通信线路连接起来。

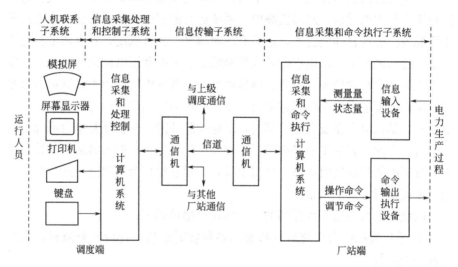

图 1-1　远程监控基本结构框图

图 1-1 所示的结构可按功能划分成四个子系统。

① 信息采集和命令执行子系统。监控系统厂站端通过信息输入设备将测量量、状态量等采集处理后经信息传输子系统发往调度端，并接受调度端发来的命令做出响应，通过命令输出执行设备，执行遥控、遥调等命令。

② 信息传输子系统。调度端与厂站端通常相距较远，采用通信技术，由通信机和信道组成的信息传输子系统实现两端的信息交换。

③ 信息采集处理和控制子系统。调度端采集各个厂站端送来的信息，经处理加工后通过人机联系子系统告知工作人员，并接受工作人员的命令。也可与上级调度交换信息，或给厂站下达命令，进行调节、控制。

④ 人机联系子系统。监控系统通过人机联系子系统为运行人员提供完整的电力系统实时运行状态信息。人机联系的手段有调度模拟屏、屏幕显示器、打印机等。运行人员通过操作键盘可以对整个系统的运行进行管理，向

厂站下达遥控、遥调等命令。

上述子系统中调度端的信息采集处理和控制子系统是核心，配置的规模应与所要求的调度功能相适应。对于县调和地调，通常只要求实现 SCADA（数据采集与监视控制系统）功能，调度端监控装置需要处理和运算的任务通常并不太多，采用由微处理器构成的调度端远动装置主站 MS 一般就可承担此任务。厂站端远动装置、通信系统和调度端远动装置（包括信息采集处理和控制子系统、人机联系子系统）一起组成远动系统。

第二节　远动系统的功能

所谓远动，就是应用远程通信技术，对远方的运行设备进行监视和控制，以实现远程测量、远程控制和远程调节等各项功能。

电力系统远动的主要任务如下。

① 将表征电力系统运行状态的各发电厂和变电所的有关实时信息采集到调度控制中心。

② 把调度控制中心的命令发往发电厂和变电站，对设备进行控制和调节。

为完成上述任务，远动装置要实现基本"四遥"功能，它们分别如下。

① 遥测，即远程测量，应用远程通信技术，传输被测变量的值。如调度端对远方厂站端的电流、电压、用功、无功的远程测量。

② 遥信，即远程指示、远程信号，应用远程通信技术完成对设备状态信息的监视。如对厂站端的告警情况、开关位置或阀门位置这样的状态信息的远程监视。

③ 遥控，即远程命令，应用远程通信技术，使设备的运行状态产生变化。如远方控制厂站端的断路器分闸、合闸，发动机的开机、停机等。

④ 遥调，即远程调节，对具有两个以上状态的运行设备进行控制的远程命令。如改变变压器的分接头位置、改变发动机组的用功出力等。

在电网运行中，电网调度部门无疑是集中控制和治理的中心，每时每刻都要向发电厂、变电站提取大量的信息，同时又要将大量任务下达。远动技术在电力系统的应用，使调度员在调度中心借助遥测和遥信功能，便能监视远方运行设备的实时运行状况；借助遥控和遥调功能，可以完成对远方运行设备的控制，即实现远程监视和远程控制，简称为远程监控。由于远动装置中信息的生成、传输和处理速度非常快，适应了电力系统对调度工作的实时性要求。远动技术在电力系统中的应用，使电力系统的调度管理工作进入了自动化阶段。另外，随着自动化技术的发展，电力系统远动的功能根据电力系统调度自动化的实际需要还在不断发展，例如为了便于分析电力系统的事故，远动装置可以按顺序记录断路器事故跳闸的时间，这称为事件顺序记录；也可以记录事故发生前后一段时间的遥测值，这称为事故追忆。在调度控制中心配有专用的调度监控计算机时，远动系统可具有与计算机接口的功能。此外，为了保证远动装置的正常运行和便于维护，还具有自检查、自诊断功能等。

第三节 远动信息的内容

远动信息主要包括遥测信息、遥信信息、遥控信息和遥调信息。

遥测信息传送发电厂、变电站的各种运行参数，它分为电量和非电量两类。电量包括母线电压、系统频率、流过电力设备（发电机、变压器）及输电线的电流、有功功率、无功功率等。非电量包括发电机机内温度以及水电厂的水库水位等。这些量都是随时间幅度作连续变化，可取无限多个值的模拟量。对电流、电压和功率量，通常利用互感器和变送器把要测量的交流强电信号变成 $0\sim5V$ 或 $0\sim10mA$ 的直流信号后送入远动装置。也可以把实测的交流信号变换成幅值较小的交流信号后，由远动装置直接对其进行交流采样。对于非电量，只能借助其他传感设备（如温度传感器、水位传感器），将它转换成规定范围内的直流信号或数字量后送入远动装置。

遥信信息包括发电厂、变电站中断路器和隔离开关的合闸或分闸状态，主要设备的保护继电器动作状态，自动装置的动作状态，以及一些运行状态信号，如厂站设备事故总信号、发电机组开或停的状态信号、远动及通信设备的运行状态信号等。遥信信息所涉及的对象只有两种状态，因此用一位二进制数的"0"或"1"便可以表示出一个遥信对象的两种不同状态。遥信信息通常由运行设备的辅助接点提供。

遥测信息和遥信信息从发电厂、变电所向调度中心传送，也可以从下级调度中心向上级调度中心转发，通常称它们为上行信息。在上行信息中，还可以传送事件顺序记录、遥控的返送校核信息等。

遥控是调度所（主站端）远距离控制发电厂、变电站内需要调节控制的对象。被控对象一般为发电厂、变电站电气设备的合闸和跳闸、投入和切除等。由于遥控涉及电气设备动作，所以要求遥控动作准确无误，一般采用选择——返送校验——执行的过程。在调度员发送命令时，首先应该校核该被控制站和被控制的设备应在正常运行状态，系统或变电所没有发生事故和警报，所发出的命令符合被控设备的状态。在主站端校验正确后，方能向远方厂、站发送命令。命令被送到远方厂、站以后，经过差错控制的校核，确认命令没有受到干扰。远方厂、站收到命令后，应先检查输出执行电路没有接点处于闭合状态，然后将正确接收的命令输出，同时将输出命令的状态反编码送到主站端；主站端将接收到的返送校核码与原命令码进行比较。在返送校核无误后，将结果显示给调度人员，并向远方厂、站发送执行命令。此时由执行命令将输出执行电路的电源合上，驱动执行电路，使操作对象动作。被控制的对象动作后，还要检查有关电路是否有接点粘上，并将动作结果告知主站，经过一定时间将电路电源自动切除。只有这样严格的技术措施，才能保证遥控的正确无误。对于电力系统，遥控的技术指标是执行的正确动作率为100%。

遥调信息传送是改变运行设备参数的命令，如改变发电机有功出力和励磁电流的设定值、改变变压器分接头的位置等。

遥控信息和遥调信息从调度中心向发电厂、变电站传送，也可以从上级调度中心通过下级调度中心转送，称它们为下行信息。这些信息通常由调度员人工操作发出命令，也可以自动启动发出命令，即所谓的闭环控制。例如为了保持系统频率在规定范围内，并维持联络线上的电能交换，调节发电机出力的自动发电控制（AGC）功能，就是闭环控制的例子。在下行信息中，还可以传送系统对时功能中的设置时钟命令、召唤时钟命令、设置时钟校正值命令，以及对厂站端远动装置的复归命令、广播命令等。

第四节　远动系统

一、远距离数据通信的基本模型

远动系统是指对远离调度中心的厂站的生产过程进行监视和控制的系统，它包括对必需的过程信息的采集、处理、传输和显示、执行等全部的设备和功能。构成远动系统的设备包括厂站端远动装置、调度端远动装置和远动信道。

按习惯称呼的调度中心和厂站，在远动术语中称为主站和子站。主站也称为控制站，它是对子站实现远程控制的站；子站也称受控站，它是受主站监视的或受主站监视且控制的站。计算机技术进入远动技术之后，安装在主站和子站的远动装置分别被称为前置机和远动终端装置（RTU）。

子站的远动装置（RTU）对电网中发电厂、变电站的各种信息源，如电压U、电流I、有功功率P、频率f、电能脉冲量等，另外还有各种指令、开关信号等各种数字信息按规约编码成遥测信息字和遥信信息字，向前置机传送。RTU还可以接收前置机送来的遥控信息字和遥调信息字，经译码后还原出遥控对象号和控制状态、遥调信息号和设定值，经返送校核正确后（对遥控）输出执行。

厂站监控系统数据网络把各种信源转换成易于传输的数字信号，例如A/D转换等。A/D转换输出的信号都是二进制的脉冲序列，即基带数字信号。这种信号传输距离较近，在长距离传输时往往因电平干扰和衰减而发生失真。为了增加传输距离，将基带信号进行调制传送，这样即可减弱干扰信号。然后信号进入信道，信道是信号远距离传输的载体，如专用电缆、架空线、光纤电缆、微波空间等。

调度中心的前置机是缓冲和处理输入或输出数据的处理机。它接收RTU送来的实时远动信息，经译码后还原出被测量的实际大小值和被监视对象的实际状态，以恢复基带信号，获得发送侧的二进制数字序列。显示在调度室的CRT上和调度模拟屏上，也可以按要求打印输出，这些信息还要向主计算机传送。另外调度员通过键盘或鼠标操作，可以向前置机输入遥控命令和遥调命令，前置机按规约组装出遥控信息字和遥调信息字向RTU传送。如图1-2所示。

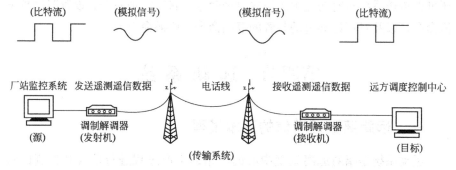

图1-2 远距离（上传）数据通信的基本组成

前置机和RTU在接收对方信息时，必须保证与对方同步工作，因此收发信息双方都有同步措施。

远动系统中的前置机和RTU是一对N的配置方式，即主站的一套前置机要监视和控制N个子站的N台RTU，因此前置机必须有通信控制功能。为了减少前置机的软件开销，简化数据处理程序，RTU统一按照远动规约设计。同时为了保证远动系统工作的可靠性，前置机应设为双机配置。

二、常用的远动信道

信道是信号传输时经过的通道。传输远动信号的通道称为远动信道。我国常用的远动信道有专用有线信道、复用电力载波信道、微波信道、光纤信道、无线电信道等。信道质量的好坏直接影响信号传输的可靠性。

① 明线或电缆信道。这是采用架空或敷设线路实现的一种通信方式。其特点是线路敷设简单，线路衰耗大，易受干扰，主要用于近距离的变电站之间或变电站与调度或监控中心的远动通信，常用的电缆有多芯电缆、同轴电缆等类型。

② 电力线载波信道。电力线是电力系统传输电能的通道，电力线载波信道就是在以传输电力为主要目的的高压输电线路上，采用高频信号传输信息的信道。

③ 微波中继信道。微波中继信道简称微波信道。微波是指频率为 300MHz～300GHz 的无线电波，它具有直线传播的特性，其绕射能力弱。由于地球是一球体，所以微波的直线传输距离受到限制，需经过中继方式完成远距离的传输。在平原地区，一个 50m 高的微波天线通信距离为 50km 左右，因此，远距离微波通信需要多个中继站的中继才能完成。

④ 卫星信道。卫星通信是利用位于同步轨道的通信卫星作为中继站来转发或反射无线电信号，在两个或多个地面站之间进行通信。

⑤ 光纤信道。光纤通信就是以光波为载体、以光导纤维作为传输媒质，将信号从一处传输到另一处的一种通信手段。近年来，电力系统逐渐采用电力系统特种光缆，如光纤复合地线（OPGW）、光纤复合相线（OPPC）、金属自承光缆（MASS）、全介质自承光缆（ADSS）、附加型光缆（OPAC）等。目前，在我国应用较多的电力特种光缆主要有 ADSS 和 OPGW。

三、远动信息的传输规约

在通信网中，为了保证通信双方能正确、有效、可靠地进行数据传输，在通信的发送和接收的过程中有一系列的规定，以约束双方进行正确、协调的工作，我们将这些规定称为数据传输控制规程，简称为通信规约。当主站和各个远程终端之间进行通信时，通信规约明确规范以下几个问题。

① 要有共同的语言。它必须使对方理解所用语言的准确含义。这是任何一种通信方式的基础，它是事先给计算机规定的一种统一的，彼此都能理解的"语言"。要使发送出去的信息到对方后，能够识别、接收和处理，就要对传送的信息的格式作严格的规定，这就是远动规约的一个内容。这些规定包括传送的方式是同步传送还是异步传送、帧同步字、抗干扰的措施、位同步方式、帧结构、信息传输过程。

② 要有一致的操作步骤，即控制步骤。这是给计算机通信规定好的操

作步骤，先做什么，后做什么，否则即使有共同的语言，也会因彼此动作不协调而产生误解。例如，将信息按其重要性程度和更新周期，分成不同类别或不同循环周期传送；确定实现遥信变位传送、实现遥控返送校核以提高遥控的可靠性的方式，实现发（耗）电量的冻结、传送，实现系统对时、实现全部数据或某个数据的收集，以及远方站远动设备本身的状态监视的方式等。

③ 要规定检查错误以及出现异常情况时计算机的应付办法。通信系统往往因各种干扰及其他原因会偶然出现信息错误，这是正常的，但也应有相应的办法检查出这些错误来，否则降低了可靠性；或者一旦出现异常现象，计算机不会处理，就导致整个系统的瘫痪。

图 1-3 形象地说明了在两个数据终端（计算机终端）之间交换数据时，它们所应有的简单规约。

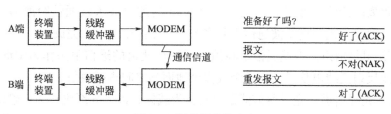

图 1-3　通信规约的含义

一个通信规约包括的主要内容有代码（数据编码）、传输控制字符、传输报文格式、呼叫和应答方式、差错控制步骤、通信方式（指单工、半双工、全双工通信方式）、同步方式及传输速率等。

目前，在电网监控系统中，国内主要采用两类通信规约：循环式数据传送规约（简称 CDT 规约）和问答式传送规约（简称 POLLING 规约）。

在循环式数据传送规约中，厂站端将要发送的远动信息按规约的规定组成各种帧，再编排帧的顺序，一帧一帧地循环向调度端传送。信息的传送是周期性的、周而复始的，发送端不顾及接收端的需要，也不要求接收端给以回答。这种传输模式对信道质量的要求较低，因为任何一个被干扰的信息可望在下一循环中得到它的正确值。

在问答式传送规约中，若调度端要得到厂站端的监视信息，必须由调度端主动向厂站端发送查询命令报文。查询命令是要求一个或多个厂站传输信息的命令。查询命令不同，报文中的类型标志取不同值，报文的字节数一般也不一样。厂站端按调度端的查询要求发送回答报文。用这种方式，可以做到调度端询问什么，厂站端就回答什么，即按需传送。由于它是有问才答，要保证调度端发问后能收到正确的回答，对信道质量的要求较高，且必须保证有上下行信道。

第五节　电力系统远动系统的性能指标

电力调度中心依靠远动系统采集数据，进行监视和控制，如果远动提供的遥测、遥信等数据有差错或不及时，就有可能导致调度控制中心判断或决策失误。如果遥控、遥调有差错，将直接影响到系统的运行，甚至带来严重后果。所以对电力系统远动装置要求实现安全、可靠、准确、及时地为电力系统服务，确保调度中心及时了解电力系统的运行状态并作出正确的控制决策。

一、可靠性

远动装置在电力系统中作为监控设备，必然要求它具有高度的可靠性。远动系统的可靠性包括系统设备运行的可靠性和数据传输的可靠性两个方面。

1. 系统设备运行的可靠性

远动系统或装置的可靠性是指系统或装置在规定的时间和使用条件下完成所要求功能的能力。通常以"平均故障间隔时间"来衡量。平均故障间隔时间是指远动装置在两个相邻故障间的平均正常工作时间。国外的远动装置平均故障间隔时间已达到30000h，国内要求8000～10000h以上。

2. 数据传输的可靠性

远动装置在传输信号过程中，即使远动装置处于良好的工作状态，但数据在信道上传输时会因为干扰而出现差错，传输可靠性是用信息的差错率来表示的。

远动的数据序列在信道中以串行方式一个码元一个码元地传送。若干码元组成一个远动字，若干字组成一帧，以一帧或若干帧组成一个传输单元的信息，称为报文。数据在信道上传送时由于干扰等原因可能使收到的码元与发送的不同，从而出现了差错，通常用"误码率"来衡量码元传输的可靠性。它是收到的有错码元数和总的发送码元数之比。

远动系统中发送的报文通常都采取抗干扰措施，附加有监督码元，具有一定的检错能力。在传送过程中如某些码元出现了差错，一旦被检出就不会造成不良后果。但如差错情况严重，超出了设备的检错能力，错误就无法检出，有错的报文错误地被认为没有差错而接受下来。对于这种有错而未能检出的情况，可用"残留差错率"来衡量，"残留差错率"是未被检出的差错报文数与发送的报文总数之比。

"残留差错率"比较低的系统也可能有另一方面的问题，例如数据在传输中经常出现差错，但只要检错能力较强，其中大部分差错均能被检出，其残留差错率可能就较低，但这些已检出有错的报文只能被拒绝接受，无法利用。显然，被拒绝接受的报文越多，数据传输的可靠性就越差。对此，可以用"拒收率"来衡量拒收的情况，"拒收率"是检出有错的报文数与发送的报文总数之比。

二、实时性

调度中心要求电力运行信息具备实时性强的特点，特别是在电力系统事故时，要求迅速地获得故障信息以便及时排除。实时性常用"传输时延"来衡量，它是指从发送端事件发生到接收端正确地收到该事件信息这一段时间间隔。包括发送站外围输入设备和接收站相应的外围输出设备产生的延迟时间。例如在遥信中，从发送站的断路器状态改变开始，到接收站的遥信信号灯改变为相应状态为止的总延迟时间，就是遥信的总传送时间。调度控制中心对各类远动信息的实时性要求不尽相同，容许的总传送时间也有差别。例如，最大容许时延，在正常传送遥测、遥信时为 1～10s，在状态变化（例如断路器跳闸）时为 0.5～5s。

三、准确性

远动系统中传送的各种量值要经过许多变换过程，比如遥测量需要经过变送器、模数转换等。在这些变换过程中必然会产生误差。另外数据在信道中传输时，由于噪声干扰也会引起误差，从而影响数据的准确性。以遥测为例，经电量变送器、模数转换等一直到显示要经过不少环节，每个环节的误差和噪声干扰都会对遥测的总准确度产生影响。总准确度是指信息经变换和处理等各种环节后，信息源和信息宿两者之间的偏差。总准确度是用偏差对满刻度的百分比表示。

第六节　电力系统远动技术的发展

一、远动技术的发展简况

随着科学技术的发展，远动技术的内容和实现的技术手段也在不断发展、更新，大体可分为三个阶段。

第一阶段（20 世纪 30 年代）：以继电器和电子管为主要部件构成远动设备。这些设备中用继电器、磁心构成遥信、遥调、遥控设备；用电子管和磁放大器构成脉冲频率式遥测；调制解调采用脉冲调幅式。远动技术在 20 世纪 30 年代首先用于铁路运输系统，40 年代用于电力系统，我国在 50 年代末才在电力系统中采用。这些设备的运行是可靠的，在电力系统的调度管理中发挥过一定的作用。

第二阶段（20 世纪 50～60 年代初）：以半导体器件为主体，采用模数转换技术和脉冲编码技术、信息帧中抗干扰编码，与计算机技术相结合的综合远动设备；将遥信、遥测、遥调、遥控综合为循环式点对点远动设备；调制解调器采用调频制为主。

第三阶段（20 世纪 60 年代以后）：采用微型计算机构成远动系统，其主要特征是在主站端（调度端）形成前置机接收、处理远动信息，可以接收多个远方站的信息，前置机还可以向上级转发信息和驱动模拟盘。前置机应能接收处理符合标准的远动信息，还要能接入各类已在使用的远动设备的信息。后台机完成数据处理、驱动屏幕显示和打印制表等安全监控功能。后台机可采用超小型机、小型机或高档微型计算机。远方站的远动设备也采用微型机。这种系统除了传统的远动功能、模拟转换、遥信扫描、遥控之外，还扩展了事故顺序记录、全系统时钟对时、事故追忆、发（耗）电量统计和传送，增加当地功能，如电容器投切、接地检查，当地屏幕显示和打印制表以及其他需要的功能，远方站扩大功能时要发展成多机系统或采用高功能微型机。

为了保证整个安全监控系统的可靠性，在远方站和主站端分别采用不停电电源，以及主站端采用双机备用切换系统。为保证信息传输的可靠性，需采用双通道备用。为适应电力系统调度管理中采用分层控制的方式，远动信息网也采用分层式结构，以保证有效地传输信息，减少设备和通道投资。

二、国内现代电力微机远动系统的特点

① 插箱采用总体积木式单功板件结构，模块是具有独立完成某一特定任务的插件，通过接口与系统总线相连，插接或取消其中某一块均不影响其他模件的正常运行，因此，便于硬件展扩和软件开发。

② 普遍采用微机作中央处理单元，与一些外设智能 CRT、键盘、打印机和 IBM-PC（或其他机型）一起，来实现数据表格、开关状态、接线图形、实时时钟显示、周波测量、事故追记、越限告警、修改刀闸、数据转发、功率总加、电度量冻结、负荷预测、运行方式选择、经济调度分析、自

动打印制表、负荷曲线绘制、电压曲线记录、遥信遥测上盘等功能。

③ 利于我国电网厂站较为疏散之特点，系统具有 1：$N(N \leqslant 32)$ 全双功通信和当地数据采集功能，传信速率在 300～2400 波特。

④ 机器具有自诊断功能，故障时及时告警。

⑤ 取代人工抄表，对常用参量（软件设定）24/h 准点打印，对事故、超限量实时打印。记录事故前后全部数据，并发警报，另由智能 CRT 自动调画面显示故障位。

⑥ 便于外界通信，配有 RS-232 标准串行口，另有 GCM-1 并行口，可配接多台同时显示不同画面的智能彩色 CRT（或打印机）。

⑦ 采用电力系统特有的高压载波通信设备或无线（含微波）装置作信道，可大大降低系统造价，增加通信距离，方便组网，提高性能价格比。

第二章
远动系统的数据通信网络

第一节 数据通信概述

在远动系统中，数据通信是一个重要环节，既可能是在一个厂站内部进行，也可能是在距离较远的厂站与调度中心之间进行。

一、模拟通信与数字通信

通信时要传输的信息是多种多样的，所有不同的消息可以归结为两类，一类称作模拟量，另一类称作离散量。模拟量的状态是连续变化的，当信号的某一参量无论在时间上或是在幅度上都是连续的，这种信号称为模拟信号，如话筒产生的话音电压信号。离散量的状态是可数的或离散型的，当信号的某一参量携带着离散信息，而使该参量的取值是离散的，这样的信号称为数字信号，如电报信号。现在最常见的数字信号是幅度取值只有两种（用0和1代表）的波形，称为"二进制信号"。"数字通信"是指用数字信号作为载体来传输信息，或者用数字信号对载波进行数字调制后再传输的通信方式。

数字数据通信与模拟数据通信相比较，数字数据通信具有下列优点。

① 来自声音、视频和其他数据源的各类数据均可统一为数字信号的形式，并通过数字通信系统传输。

② 以数据帧为单位传输数据，并通过检错编码和重发数据帧来发现与纠正通信错误，从而有效保证通信的可靠性。

③ 在长距离数字通信中可通过中继器放大和整形来保证数字信号的完整及不累积噪声。

④ 使用加密技术可有效增强通信的安全性。

⑤ 数字技术比模拟技术发展更快，数字设备很容易通过集成电路来实现，并与计算机相结合，而由于超大规模集成电路技术的迅速发展，数字设备的体积与成本的下降速度大大超过模拟设备，性能价格比高。

⑥ 多路光纤技术的发展大大提高了数字通信的效率。

实现数字通信，必须使发送端发出的模拟信号变为数字信号，这个过程称为"模/数变换"。模拟信号数字化最基本的方法有三个过程：第一步是"采样"，就是对连续的模拟信号进行离散化处理，通常是以相等的时间间隔来抽取模拟信号的样值；第二步是"量化"，将模拟信号样值变换到最接近的数字值，因抽样后的样值在时间上虽是离散的，但在幅度上仍是连续的，量化过程就是把幅度上连续的抽样也变为离散的；第三步是"编码"，就是把量化后的样值信号用一组二进制数字代码来表示，最终完成模拟信号的数字化。

二、二进制数字通信的应用

二进制数字仅有两个码元"1"和"0"（即"二进制数字"，亦即一个 0 或者 1 的数）。通常以 8 位为一个"字节"，可代表一组信息。采用二进制所对应的电路最简单，只有高低两种电平即可。通常以一定幅度的电信号脉冲代表"1"（高电平），而以电路中无信号代表"0"（低电平），这样一系列二进制数字信号就变成一长串电脉冲信号。接收端通常采用一种检测电路定时检测各码元"取样信号"的电平值，并采用"像谁就是谁"的简单判断，凡取样值接近代表"1"的电平值就判为"1"，凡取样值接近代表"0"电平值的就判为"0"，非"1"即"0"，非"0"即"1"，既使传输过程中由于干扰而有些失真，在一定距离内也不容易达到"1"、"0"颠倒的程度，这样通过正确的判读就排除了干扰。长途传输时为不使干扰逐步积累，可在一定的距离设置中继站，正确判读后再重新发送，所以数字通信没有距离限制。

这里提到的码元，即数据通信中，信息以数字方式传送，开关位置状态、测量值或远动命令等都变成数字代码，转换成相应的物理信号，如电脉冲等，把每个信号脉冲称为一个码元，再经过适当变换后由信道传送给对方。常用的是二元制代码"0"、"1"。数据传送的速度可以用每秒传送的码元数来衡量，称码元速率，也称波特率。在串行数据传送中，数据传送速率是用每秒传送二进制数码的位数来表示，单位 bps（bit per second）或 b/s（位/秒）。数据经传输后发生错误的码元数与总传输码元数之比，称为误码率。在电网远动通信中，一般要求误码率应小于 10^{-5} 数量级。误码率与线路质量、干扰等因素有关。

三、并行数据通信与串行数据通信

并行数据通信是指数据的各位同时传送，如图 2-1 所示。可以以字节为单位（8 位数据总线）并行传送，也可以以字为单位（16 位数据总线）通过专用或通用的并行接口电路传送，各位数据同时传送，同时接受。

并行传输速度快，但是在并行传输系统中，除了需要数据线外，往往还需要一组状态信号线和控制信号线，数据线的根数等于并行传输信号的位数。显然并行传输需要的传输信号线多、成本高，因此常用在短距离传输中（通常小于 10m），要求传输速度高的场合。

串行通信是数据一位一位顺序地传送，如图 2-2 所示。显而易见，串行通信数据的各不同位，可以分时使用同一传输线，故串行通信最大的优点是可以节约传输线，特别是当位数很多和远距离传送时，这个优点更为突出，这不仅可以降低传输线的投资，而且简化了接线。但串行通信的缺点是传输速度慢，且通信软件相对复杂些。因此适合于远距离的传输，数据串行传输的距离可达数千公里。目前电力系统远动装置中各厂站到调度中心的通信都是串行通信。

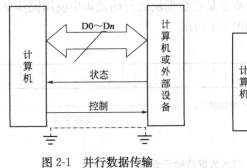

图 2-1　并行数据传输

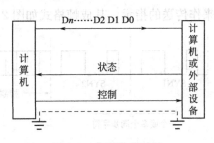

图 2-2　串行数据传输

四、异步数据传输和同步数据传输

1. 异步数据传输

在串行数据传送中，有异步传送和同步传送两种基本的通信方式。

在异步通信方式中，发送的每一个字符均带有起始位、停止位和可选择的奇偶校验位。用一起始位表示字符的开始，用停止位表示字符的结束构成一帧，其成帧格式如图 2-3 所示。

针对图中的空闲位，可以有也可以没有，若不设空闲位，则紧跟着上一个要传送的字符的停止位后面，便是下一个要传送的字符的起始位。在这种情况下，若传送的字符为 ASCII 码，其字符为 7 位，加上一个奇偶校验位，一个起始位，一个停止位总共 10 位，如图 2-3（b）所示。

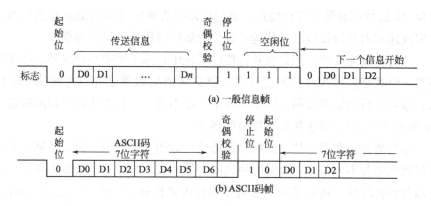

图 2-3 异步数据传输的格式

2. 同步数据传输

在异步传送中，每一个字符要用起始位和停止位作为字符开始和结束的标志，占用了时间。所以在数据块传送时，为了提高速度，就去掉这些标准，采用同步传送。同步传送的特点是在数据块的开始处集中使用同步字符来作传送的指示，其成帧格式如图 2-4 所示。

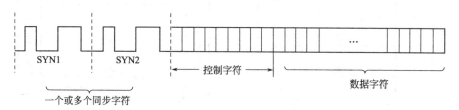

图 2-4 同步数据传输示意图

同步传输中，每个帧以一个或多个"同步字符"开始。同步字符通常称 SYN，是一种特殊的码元组合。通知接收装置这是一个字符块的开始，接着是控制字符。帧的长度可包括在控制字符中，并对本帧发送地址、目的地址、信息类别等加以说明，再后面就是"信息字"。这样接收装置是寻找 SYN 字符，确定帧长，读取指定数目的字符，然后再寻找下一个 SYN 符，以便开始下一帧。

同步是数据通信系统的一个重要环节。数字式远传的各种信息是按规定的顺序一个码元一个码元地逐位发送，接收端也必须对应的一个码元一个码元地逐位接收，收发两端必须同步协调地工作。同步是指收发两端的时钟频率相同、相位一致地运转。同步字虽然也占了时间，但因一帧信息很长，一帧中有效信息所占比例仍比异步传输时大，因此传输效率提高了。

我国 1991 年发布的电力行业标准的循环式远动传输规约（简称 CDT 规

约），是采用同步传输方式，同步字符为 EB90H。同步字符连续发 3 个，共占 6 个字节，按照低位先发、高位后发，每字的低编号字节先发、高字节后发的原则顺序发送。若详细了解，可参考中华人民共和国电力行业标准 DL 451—91。

五、数据通信的工作方式

通信是发送和接收双方工作的，根据收发通信双方通信双方是否同时工作，可以分成双工、半双工和单工三种不同的工作方式。

图 2-5（a）是单工方式，收和发是固定的，单工方式只能向一个方向传送数据。最简单的终端在采集数据后按既定程序自动地传送给调度中心，而不能接受调度端的指令，就属于单工方式。串行传输时单工方式只需要一回传输线（2 根）。

图 2-5（b）是半双工方式，双方都有接收和发送能力，可以互为发、收。但是它的接收器和发送器不同时工作，采用切换方式分时交替进行。半双工方式也只需一回传输线。

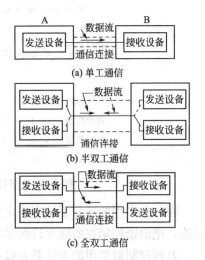

图 2-5　数据通信三种工作方式

图 2-5（c）中，通信双方都有发送和接收设备，由一个控制器协调收发两者之间的工作，接收和发送可以同时进行，四条线供数据传输用，故称为全双工。如果对数据信号的表达形式进行适当加工，也可以在同一对线上同时进行收和发两种工作，即线上允许同时作双向传输，这称为双向全双工。三种方式中无论哪一种，数据的发送和接收原理是基本相同的，只是收发控制上有所区别而已。

六、数据通信的差错控制

把通过通信信道后收到的数据与发送的数据不一致的现象称为传输差错。差错的产生是不可避免的。在信息传送过程常会出现各种干扰，使所传输的信号码元发生差错，如某位码元 1 变成了 0 或 0 变成了 1。如图 2-6 所示。这样，接收到的就是

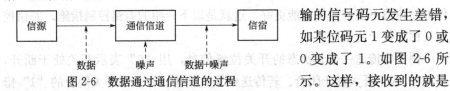

图 2-6　数据通过通信信道的过程

错误信号。

当数据从信源出发，经过通信信道时，由于通信信道总是有一定的噪声存在，信息在到达信宿时，接收信号是信号与噪声的叠加。在接收端，接收电路在取样时判断信号电平。如果噪声对信号叠加的结果在电平判决时出现错误，就会引起传输数据的错误。如图 2-7 所示。

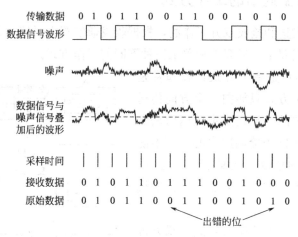

图 2-7 数据传输过程中噪声的影响

在一个实用的通信系统中一定要能发现（检测）这种差错，并采取纠正措施，把出错控制在所能允许的尽可能小的范围内，这就是差错控制。

差错控制最常用的方法是差错控制编码。要发送的数据称为信息位。在向信道发送之前，先按某种关系加上一定的监督位（这个过程称为差错控制编码），构成一个码字再发送。接收端在接收到码字后查看信息位和冗余位，并检查它们之间的关系（检验过程），以发现传输过程是否有差错发生。差错控制编码又可分为检错码和纠错码，前者是指能自动发现差错的编码，后者是指不仅能发现差错而且能自动纠正差错的编码。附加在有效信息后面的监督码又有校验码、冗余码、保护码等名称，它们像铁路乘警保护旅客一样保护着传输信息的安全，尽管这样做会降低列车运送旅客的有效运力。

要提高数据传输质量，可从硬件和软件两方面采取措施。硬件方面的措施是很费钱的，如采用性能更好的通信方式和信道，采取多种屏蔽措施，甚至移动线路避开或远离干扰源等，但既使这样也不能完全避免干扰。而在软件方面花费不多，效果可能更好，这就是以下介绍的差错控制措施。差错控制又称为抗干扰编码。

例如要传送一个 2 状态的开关位置信息，用"0"表示开关处于断开，用"1"表示开关处于闭合。若传送中发生差错，将表示开关闭合的"1"错成了"0"，接收端只能以收到的"0"错误地判读开关已"断开"，而不会发觉这种错误。如果增加一个"监督位"，例如用重复码方式（即监督位是信息位的重复），改用"11"表示开关闭合，"00"表示开关断开。设传输中又将"11"错成了"10"或"01"（只错一位的概率远大于2位皆错的概率），接收端起码知道收到的码是错的，可不必采信（丢弃），总比误认为开关已"断开"为好。这种码就使接收端有了检错能力，但却不能纠正错误。如果再增加一位监督位，仍用重复的方式，用"111"代表开关闭合，用"000"代表开关断开，设传送时又将"111"错成"110"。"101"或"011"，接收端首先知道这是错码，然后根据"像谁是谁"的判决原则，可以判定原始发送码为"111"（而不会判为"000"），表示开关已经闭合，从而纠正了错误（但如同时错2位就纠正不了）。当然，这种具有纠错能力的码是付出了"代价"的，即在有效信息位后面添加了若干位"冗余"的监督位，这就降低了编码效率。所谓编码效率可表示为信息码元数占总的传送码元数的比例。

最简单和最常用的检错方法是奇偶校验。如采用偶校验传送7位二进制信息，则在传送的7个信息位后加上一个偶校验位，如前7位中1的个数是偶数，则第8位加0，如前7位中1的个数是奇数，则第8位加1。这样使整个字符代码（共8位）中1的个数恒为偶数。接收端如检测到某字符代码中"1"的个数不是偶数，即可判断为错码而不予接收。同样道理也可采用奇校验位。

在电力系统远动数据通信中，常使用循环冗余校验CRC（Cyclic Redundancy Check）方法，它是对一个数据块进行校验，对随机或突发差错造成的帧破坏有很好的校验效果。下面简单介绍其原理。

一个二进制序列是由若干个"0"或"1"组成。设一个8位的二进制数可用一个7阶位的二进制多项式（$A_7x^7 + A_6x^6 + A_5x^5 + A_4x^4 + A_3x^3 + A_2x^2 + A_1x^1 + A_0x^0$）表示。一般地说，$n$位二进制数，可以用（$n-1$）阶多项式表示。例如：11000101可表示为：

$$A(x) = 1 \times x^7 + 1 \times x^6 + 0 \times x^5 + 0 \times x^4 + 0 \times x^3 + 1 \times x^2 +$$
$$0 \times x^1 + 1 \times x^0 = x^7 + x^6 + x^2 + 1$$

对于一个长度为k的二进制信息码元，用$M(x)$表示。发送装置将产生一个r位的码元序列，称监督码序列，用$R(x)$表示，附加在k位的信息码元序列后面，组成总长度为n位（$n=k+r$）的循环码序列$C(x)$，使得这个n位的循环码序列（如图2-8所示），可以被某个预定的生成多项式$G(x)$整除，并把n位的循环码$C(x)$作为一帧信息发送出去。接收装置对接收到的n位码元的帧，除以同样的生成多项式$G(x)$。当无余数时，则认为没有

图 2-8　CRC 循环码格式

错误。CRC 字符的计算可以用软件实现，也可以用硬件实现，一般功能较强的串行输入/输出接口电路，能自动产生 CRC 字符，可编程选择 CRC 码。

可以证明，循环校验码对下列的错误可以检测：

① 所有单个码元错误；

② 所有的双码元错误，只要 $G(x)$ 具有至少三项的因式；

③ 任何奇数个差错，只要 $G(x)$ 包含因式（$x+1$）；

④ 任何其长度小于 $n(x)$ 长度的猝发性错误；

⑤ 大多数较大的猝发性错误。

常用的差错控制方式有循环检错法、检错重发法、反馈检错法、前向纠错法等。

① 循环检错法。在接收到的码序列中检测出有错码时就将该序列丢弃不用，到下一循环传送过来时再检错，直到不再有错码时方采用该码组。这种方法只需单向通道且设备简单。

② 检错重发法。发现接收端有错码时，通知发送端重发，直到该码组不再有错为止。这种方法需要双向信道。

③ 反馈检错法。接收端收到的码序列原封不动地回送给发送端，发送端将其与原来所发码字进行比较，如果发现有错，则重发原来的码字，无错则发送下一个新的码组。这种方法设备也比较简单，单反馈会延误时间，影响传输效率。它也需要双向信道。

④ 前向纠错法。接收端对收到的码序列进行检测，这种检测不仅能发现有无错码，还能判定错码的具体位置，并随后将该位纠正（即将"1"改为"0"，或"0"改为"1"），这种方法纠正错误快，而且只需要单向信道，单纠错的设备比较复杂。

对改正错误的时间要求不高，所传输的信息变化比较缓慢，常常采用循环检错法或检错重发法。因为这类设备比较简单，价格也较低廉。

第二节　远距离数据通信的数据编码与调制

通信的目标是传递信息，信息又必须依靠各种载体才能表示和实现传递。在远动数据通信中，所传递的报文和控制信息必须由代表一定意义的字符串组成，但是在线路中传输的不可能是人们日常生活中见到的印刷形式，而是按照一定编码规则将这些字符信息转换成适合传输、存储和处理的相应的二进制数字序列。利用1和0构成的二进制系统，就可以把任何复杂的数据信息编码为有意义的二进制位串。在对模拟数据或数字数据进行传输时就必须将其进行编码、调制。数据编码是实现数据通信最基本的一项工作。

1. 数字数据在数字信道上的编码与调制

数字数据编码为数字信号，即数字-数字编码是用数字信号来表示的数字信息，图2-9显示了数字信息。数字-数字编码设备和产生的数字信号之间的关系。

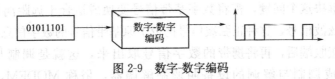

图2-9 数字-数字编码

对于传输数字信号来说，最常用的方法是用不同的电压电平来表示两个二进制数字，即数字信号由矩形脉冲组成。其编码方式包括单极性编码、极化编码和双极性编码。

单极性编码只使用一个电压值，以零电平和高（或低）电平表示0和1的编码方式。极化编码是使用一正一负两个电压的编码方式。而双极性编码是使用正、负和零三个电平的编码方式，零电平代表二进制0，正负电平交替代表比特1（"比特"是英语bit一词的音译）。

曼彻斯特编码是在每个比特间隔的中间引入跳变来同时代表不同比特和同步信息的编码方式。一个负电平到正电平的跳变代表比特0，而一个正电平到负电平的跳变代表比特1。在此编码中，比特中间的跳变同时用于同步和比特表示。而在差分曼彻斯特编码中，比特中间的跳变用于携带同步信息，但每比特的值根据其开始边界是否发生跳变来决定：一个比特开始处出现电平跳变表示传输二进制0，不发生跳变表示传输H进制1。如图2-10所示。

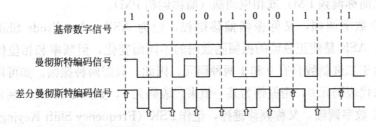

图2-10 数字数据在数字信道上传输常采用的编码方式

2. 数字数据在模拟信道上的编码与调制

这种编码也称为数字-模拟转换或数字-模拟调制，是基于以数字信号 0 和 1 表示的信息来改变模拟信号特征的过程。例如，当通过一条公用电话线将数据从一台计算机传输到另一台计算机时，数据开始时是数字的，由于电话线只能传输模拟信号，所以数据必须进行转换。

在数字通信中，由信源产生的原始电信号为一系列的方形脉冲，通常称为基带信号。这种基带信号不能直接在模拟信道上传输，因为传输距离越远或者传输速率越高，方形脉冲的失真现象就越严重，甚至使得正常通信无法进行。

为了解决这个问题，需将数字基带信号变换成适合于远距离传输的信号——正弦波信号，这种正弦波信号携带了原基带信号的数字信息，通过线路传输到接收端后，再将携带的数字信号取出来，这就是调制与解调的过程。完成调制与解调的设备叫调制解调器，俗称 MODEM，是英文 Modulator（调制器）和 Demodulator（解调器）这两个词的缩写。调制解调器并不改变数据的内容，而只改变数据的表示形式以便于传输。如图 2-11 所示。

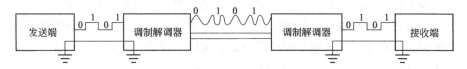

图 2-11　调制与解调示意图

在调制的过程中，基带信号又称为调制信号。调制的过程就是按调制信号（基带信号）的变化规律去改变载波的某些参数的过程。

携带数字信息的正弦称为载波。一个正弦波电压可表示为 $u(t) = U_m \sin(2\pi f t + \phi)$。

从式中可知，如果振幅 U_m、频率 f 或相位角 ϕ 随基带信号的变化而变化，就可在载波上进行调制。这三者分别称为幅度调制（简称 AM）、频率调制（简称调频 FM）或相位调制（简称调相 PM）。

① 数字调幅，又称振幅偏移键控，记为 ASK（Amplitude Shift Keying）。ASK 是使正弦波的振幅随数码的不同而变化，但频率和相位保持不变。由于二进制数只有 0 和 1 两种码元，因此，只需两种振幅，如可用振幅为零来代表码元 0，用振幅为某一值来代表码元 1，如图 2-12（b）所示。

② 数字调频，又称频移键控，记作 FSK（Frequency Shift Keying）。它是使正弦波的频率随数码不同而变化，而振幅和相位保持不变。采用二元码

制时，用一个高频率 $f_H = f_0 + \Delta f$ 来表示数码 1，而用一个低频率 $f_L = f_0 - \Delta f$ 来表示数码 0，如图 2-12(c) 所示。在电力系统调度自动化中，用于与载波通道或微波通道相配合的专用调制解调器多采用 FSK 移频键控原理。FSK 的实现比较简单，且避免了 ASK 中存在的噪声问题，但受限于载波的物理容量，频带的利用率较低。

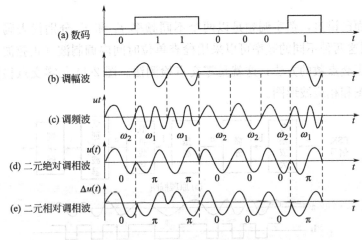

图 2-12　数字调制波形图

③ 数字调相，又称相移键控，记作 PSK（Phase Shift Keying）。它是使正弦波相位随数码而变化，而振幅和频率保持不变。数字调相分二元绝对调相和二元相对调相。如用相位为 0 的正弦波代表数码 0，而用相位为 π 的正弦波代表数码 1，称为二元绝对调相，如图 2-12(d) 所示。二元相对调相是用相邻两个波形的相位变化量 $\Delta\phi$ 来代表不同的数码，如 $\Delta\phi = \pi$ 表示 1，而用 $\Delta\phi = 0$ 表示 0，如图 2-12(e) 所示。

图 2-13 是用数字电路开关来实现 FSK 调制的原理图。两个不同频率的载波信号分别通过这两个数字电路开关，而数字电路开关又由调制的数字信

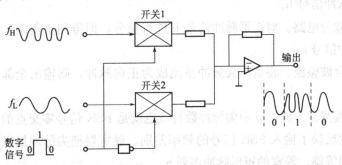

图 2-13　数字调频原理图

号来控制。当信号为 1 时，开关 1 导通，送出一串高频率 f_H 的载波信号，而当信号为 0 时，开关 2 导通，送出一串低频率 f_L 的载波信号。它们在运算放大器的输入端相加，其输出端就得到已调制信号。

解调是调制的逆过程。各种不同的调制波，要用不同的解调电路。现以常用的数字调频（FSK）解调方法——零交点检测为例，简单介绍解调原理。

前面已讲过，数字调频是以两个不同频率 f_1 和 f_2 分别代表码 1 和码 0。鉴别这两种不同的频率可以采用检查单位时间内调制波（正弦波）与时间轴的零交点数的方法，这就是零交点检测法。图 2-14 是零交点检测法的原理框图和相应波形图。

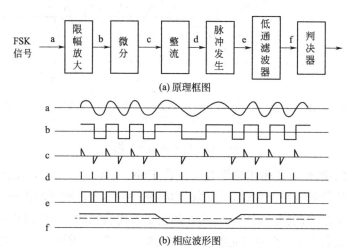

图 2-14　零交点检测法原理框图和相应波形图

零交点检测法的步骤如下：

① 放大限幅。首先将图 2-14 中的 a 收到的 FSK 信号进行放大限幅，得到矩形脉冲信号 b。

② 微分电路。对矩形脉冲信号 b 进行微分，即得到正负两个方向的微分尖脉冲信号 c。

③ 全波整流。将负向尖脉冲整流成为正向脉冲，则输出全部是正向尖脉冲 d。

④ 展宽器。波形 d 中尖脉冲数目（也就是 FSK 信号零交点的数目）的疏密程度反映了输入 FSK 信号的频率差别。展宽器把尖脉冲加以展宽，形成一系列等幅、等宽的矩形脉冲序列 e。

⑤ 低通滤波器。将矩形脉冲序列 e 包含的高次谐波滤掉，就可得到代

表 1、0 两种数码，即与发送端调制之前同样的数字信号 f。

3. 模拟数据在数字信道上的编码与调制

模拟数据也可以用数字信号来表示，因为数字信号在远距离数据传输过程中容易减少噪声。模拟-数字的实现方式有脉冲振幅调制（PAM）和脉码调制（PCM）两种。

脉冲振幅调制（PAM）是通过接收模拟信号，对它进行采样，然后根据采样结果产生一系列脉冲。如图 2-15 所示，在 PAM 技术中，原始信号每隔一个相等的时间间隔被采样一次。

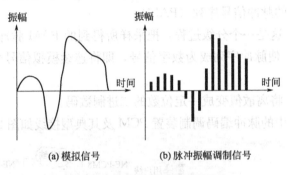

图 2-15 脉冲振幅调制（PAM）

现在的数字传输系统都是采用 PCM 体制。脉码调制是以采样定理为基础的。采样定理从数学上证明：若对连续变化的模拟信号进行周期性采样，只要采样频率不小于有效信号最高频率的两倍，则采样信息包含了原信号的全部信息。利用低通滤波器可以从这些采样中重新构造出原始信号。

脉码调制（PCM）将脉冲振幅调制（PAM）所产生的采样结果修改成完全数字化的信号。为实现这一目标，PCM 首先对 PAM 的脉冲进行量化，图 2-16 显示了量化的结果。每一个值都被转换为相应的七位二进制值，第

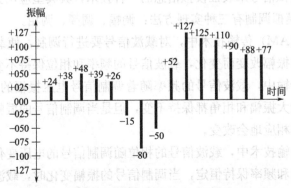

图 2-16 量化了的 PAM 信号

八个比特指示数值符号。然后这些二进制数字就通过某种数字-数字编码技术转换成数字信号。

PCM 编码过程包括采样、电平量化和编码三个步骤，如图 2-17 所示。

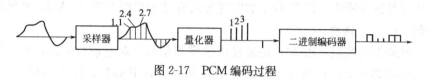

图 2-17　PCM 编码过程

① 采样：以采样频率 f_s 对连续模拟信号采样，采样得到的信号就成为一组"离散"的脉冲信号序列（PAM）。

② 量化：这是一个分级过程，把采样所得到的 PAM 脉冲按量级比较，并且"取整"，使脉冲序列成为数字信号，即将连续模拟信号变为时间轴上的离散值。

③ 编码：将离散值变成一定位数的二进制数码。

实际应用中的脉冲编码调制装置 PCM 及其典型接线如图 2-18 所示。

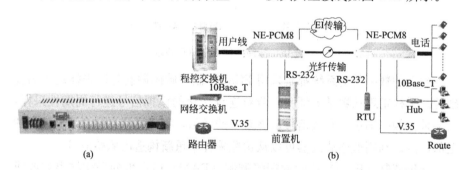

图 2-18　脉冲编码调制装置 PCM 及其典型接线

4. 模拟数据在模拟信道上的编码与调制

这是用模拟信号来表征模拟信息的一种技术，其典型应用为无线电波的传播。模拟-模拟调制有三种实现方法：调幅、调频、调相。

在调幅（AM）传输技术中，对载波信号要进行调制，使载波的幅值根据调制信号的振幅改变而变化，载波信号的频率和相位保持不变。

在调频传输中，载波信号的频率随着调制信号电压振幅的改变而调整。载波信号的最大振幅和相角都保持不变，但是当调制信号的振幅改变时，载波信号的频率相应地会改变。

在调相传输技术中，载波信号的相位随调制信号的电压变化而调整。载波的最大振幅和频率保持恒定，当调制信号的振幅变化时，载波信号相位随之发生相应改变。

图 2-19 表示出了调幅和调频技术的工作原理。

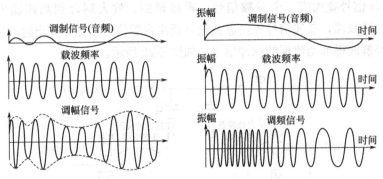

图 2-19　调幅和调频技术的工作原理

第三节　数据远传的信息通道

电力系统远动通信的信道类型较多，可简单地分为有线信道和无线信道两大类。明线、电缆、电力线载波和光纤通信等都属于有线信道，而短波、散射、微波中继和卫星通信等都属于无线信道，可以概括划分如下：

$$
信道
\begin{cases}
有线信道
\begin{cases}
明线信道 \\
电缆信道 \\
电力线载波信道 \\
光纤信道
\end{cases} \\
无线信道
\begin{cases}
微波中继信道 \\
卫星信道 \\
散射信道 \\
短波信道
\end{cases}
\end{cases}
$$

一、明线或电缆信道

这是采用架空或敷设线路实现的一种通信方式。其特点是线路敷设简单，线路衰耗大，易受干扰，主要用于近距离的变电站之间或变电站与调度或监控中心的远动通信。常用的电缆有多芯电缆、同轴电缆等类型。

二、电力线载波信道

1. 电力线载波信道构成

采用电力线载波方式实现电力系统内话音和数据通信是最早采用的一种通信方式。一个电话话路的频率范围为 0.3～3.4kHz，为了使电话与远动数据复用，通常将 0.3～2.5kHz 划归电话使用，2.7～3.4kHz 划归远动数据使用。远动数据采用数字脉冲信号，故在送入载波机之前应将数字脉冲信号调制成 2.7～3.4kHz 的信号，载波机将话音信号与该已调制的 2.7～3.4kHz 信号叠加成一个音频信号，再经调制、放大耦合到高压输电线路上。在接收端，载波信号先经载波机解调出音频信号，并分离出远动数据信号，经解调得远动数据的脉冲信号。如图 2-20 所示。

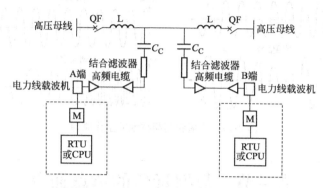

图 2-20 电力线载波信道的信息传输框图

电力线载波通信的设备有在主变电站安装的多路载波机（称主站设备）、在线路各测控对象处安放的电力线载波机（称从站设备）和高频通道。高频通道主要由高频阻波器（简称阻波器）、耦合电容器和结合滤波器组成。

高频阻波器是用以防止高频载波信号向不需要的方向传输的设备；耦合电容器的作用是将载波设备与馈线上的高电压、操作过电压及雷电过电压等隔开，以防止高电压进入通信设备，同时使高频载波信号能顺利地耦合到馈线上；结合滤波器是与耦合电容器配合将载波信号耦合到馈线上去，并抑制干扰进入载波机的设备，它由接地隔离开关、避雷器、排流线圈、调谐网络和匹配变压器等组成。在发送端，载有信息的载波信号经耦合电容器和结合滤波器注入电力线传往接收端；在接收端，通过耦合电容器和结合滤波器将调制信号从电力线上分离出来，并经解调装置将信息提取出来。

2. 电力线载波通信方式

为了组网需要，电力线载波通信可以采用不同的通信方式，常用的通信方式是定周通信方式、中央通信方式和变周通信方式。

（1）定周通信方式

在定周通信方式中，电力线载波机的发信频率和收信频率是固定不变的，因此称为定周方式。图 2-21 所介绍的电力线载波机就是定周式载波机。采用定周通信方式的载波系统如图 2-21 所示。A、B、C 站为三地，A 机的发信频率为 f_1，收信频率为 f_2，则 B_1 机的发信频率为 f_2，收信频率为 f_1，这样通过 A、B_1 两机之间实现一对一的定周式通信。同理，B_2 机与 C 机之

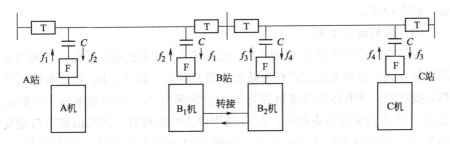

图 2-21　定周通信方式

T—阻波器；C—耦合电容器；F—结合滤波器

间也可用收发信频率 f_3、f_4 实现一对一的定周式通信。如果 A 站为调度所在地，B、C 站为发电厂或变电站所在地，为了实现调度与厂、站之间的通信，必须在 B_1 机和 B_2 机之间进行转接。通过 B_1 机和 B_2 机之间的转发和转收来实现 A 站与 C 站之间的通信。所以，定周式载波机应具有转接的功能，才能组网满足实现通信的需要。这种一对一的定周式通信方式，便于远动信号的传输和各站之间的相互通信，被广泛采用。

（2）中央通信方式

为了实现调度所在地 A 站和 B、C 站之间的调度通信，也可采用一对几的定周通信方式，这时称为中央通信方式，如图 2-22 所示。在这种通信方式中，调度所在地 A 站称为中央站，其发信频率为 f_1、收信频率为 f_2；非中央站的 B、C 站，发信频率为 f_2，收信频率都为 f_1。这样，中央站 A 与非中央站 B、C 之间构成一对二的定周通信方式。在实现通信时，当调度所在地的中央站 A 机摘机时，非中央站 B 机和 C 机同时接收到呼叫信号，其自动交换系统同时启动。然后，由 A 机拨号来自动选择是呼出 B 机的用户，还是呼出 C 机的用户，实现通信。

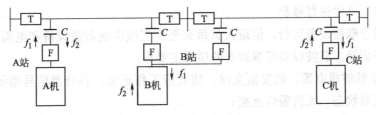

图 2-22　中央通信方式

由以上分析可知，中央通信方式只能在中央站与非中央站之间实现通信，而且在同一时间，中央站只能与一个非中央站进行通信，这是此种通信方式的局限性。因此，中央通信方式只在通话次数不多的较小通信网中采用。它的优越性是不论站数多少，仅使用两个频率，且每站只用一台载波机，较为经济。

(3) 变周通信方式

为了克服中央通信方式的缺点，实现三站之间都能相互通信，可采用变周通信方式。这种通信方式在各站处于静止状态，即 A、B、C 三站的用户都未摘机时，所有各站载波机都处于发信频率为 f_2、收信频率为 f_1 状态，如图 2-23 中的实线箭头所示。当 A 站用户主叫摘机时，其发信频率自动变换为 f_1、收信频率自动变换为 f_2，如图 2-23 虚线箭头所示。此时主叫站 A 机与 B、C 机构成一对二的通信状态，主叫站 A 机用户可利用拨号自动选择任一站进行通信。同样，B 站或 C 站的用户主叫时，也自动变换本站载波机的收发信频率，利用拨号功能和其他任一站通信。由于这种通信方式在工作时，主叫用户载波机的收发信频率要自动变换，故称为变周通信方式。

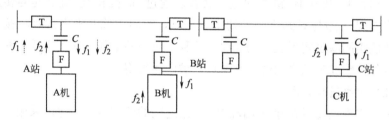

图 2-23　变周通信方式

在变周式电力线载波机中，应有收发信频率的自动切换电路。当本机用户主叫时，由自动交换系统控制，将发信支路的发信频率和收信频率相互切换。一般是将发信支路的高载频和高频带通滤波器与收信支路的高载频和高频带通滤波器互相切换，所以，载波设备比较复杂。变周通信方式虽使各站之间都能通信，但同一时间也只能在两站之间通信，其使用范围有一定的局限性。

(4) 日常运行维护

对于载波设备运行，值班人员每天至少三次巡视载波设备和电源设备，并做好记录。载波设备巡视检查的项目主要有：

① 载波机电源、收发信支路、功放应工作正常，各分盘信号指示灯应处于正常状态，无告警灯点亮；

② 保护接口装置中各分盘信号指示灯应处于正常状态，无告警灯点亮；

③ 保护接口电源开关、通道隔离开关应与系统要求的一致；

④ 根据保护动作情况，检查计数器动作次数，应与实际情况相一致；

⑤ 直流供电系统应工作正常，各支路电源开关应在合上位置。

在操作与处理中，未经许可，任何人不得在载波机、保护接口、通信电源、高频通道上进行任何工作，也不得关掉载波机电源；未接到操作命令，不准任意开关保护接口的电源或切换通道隔离开关。

在电路发生故障时首先应判明哪一部分故障，然后进行适当的处理。其处理过程为：检查机顶上告警灯显示情况，然后检查载波机与保护接口各分盘上信号灯、告警灯的指示情况。如有必要，还需测量外线电平。对于一般故障，如板子松动、接触不良等，可用手将板子推紧，看告警是否消失，并将检查和处理结果报有关部门。如果发生载波机收信告警，则有可能是通道异常引起。此时需了解线路运行状况，到一次场地查看结合滤波器的接地开关位置。询问对侧端发信情况等。如果排除了高频信号被短路、对侧端发信异常等外部因素，则为载波机本身故障。载波机或保护接口电源跳闸，而供电电源情况正常，且未发生其他异常情况时，可以重新合上电源开关 1 次，在 24h 内该电源再次跳闸时，则不得再重合。若是载波机或保护接口电源熔丝熔断，而供电电源正常，且未发生其他不正常情况时，则可以更换同规格熔丝，在 24h 内该熔丝再次熔断时不得更换。在执行上述操作时，必须一人监护，一人操作。

三、微波中继信道

微波中继信道简称微波信道。微波是指频率为 300MHz～300GHz 的无线电波，它具有直线传播的特性，其绕射能力弱。由于地球是一球体，所以微波的直线传输距离受到限制，需经过中继方式完成远距离的传输。在平原地区，一个 50m 高的微波天线通信距离为 50km 左右，因此，远距离微波通信需要多个中继站的中继才能完成。如图 2-24 所示。

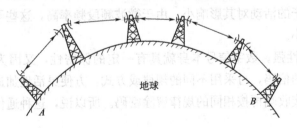

图 2-24　微波中继信道形式

实际的系统设备组成方框图，见图 2-25。其简单工作原理是：当甲地的电话信号或其他音频信号（即信源）经过处理后变成电信号，并经过接口设备或交换机送到甲地的微波端站，经时分复用设备完成信源编码和信道编码，并在微波信道机（包括调制机和微波发信机）上完成调制、变频和放大作用。已调制的微波信号通过微波天线定向发射，送到另一个微波端站或中继站，中继站对信号进行转发，而端站则将信号还原，其功能正好与甲地相反。

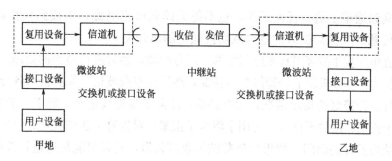

图 2-25 微波通信系统设备组成方框图

由于数字微波通信是通过数字信道进行的通信方式，因此这种通信就兼有数字通信和微波通信的特点。数字微波通信特点主要如下。

① 抗干扰性强、线路噪声不累积。经数字微波信道传输的数字信号要经过微波中继站的多次转发，各站上有对数字信号进行处理的再生中继器，而再生中继器是采用抽样判决的方法来接收每一个码元。经过一个中继段传输后，只要干扰噪声还没有大到影响对信码判决的程度，就可以把干扰噪声清除掉，再生出与发送端一样的"干净"波形而继续传输。这种再生作用使数字微波通信的线路噪声不逐站累积。也就是说，提高了抗干扰性。而模拟微波通信的线路噪声随线路的长度增长而增加，并逐站累积。

② 通信频段的频带宽，传输信息容量大。微波频段占用的频带约300GHz，一套微波中继通信设备可以容纳几千甚至几万条话路同时工作，或传输图像信号等宽带信号。

③ 通信稳定、可靠。当通信频率高于 100MHz 时，工业干扰、雷电干扰及太阳黑子的活动对其影响小。由于微波频段频率高，这些干扰对微波通信的影响极小。

④ 保密性强。数字信号本身就具有一定的保密性，又因为各种信号数字化后形成的信码，可采用不同的规律或方式，方便灵活地加进密码，在线路中传输，接收端再按相同的规律解除密码。所以说，这种通信方式的保密性强。

⑤ 中继接力。在进行地面上的远距离通信时，针对微波直线传播和传输损耗随距离增加的特性，必须采用接力的方式，发送端信号经若干个中间站多次转发，才能到达接收端。

⑥ 通信灵活性较大。微波中继通信采用中继方式可以实现地面上的远距离通信，并且可以跨越沼泽、江河、高山等特殊地理环境。在遭遇地震、洪水、战争等灾祸时，通信的建立转移都较容易，这些方面比有线通信具有更大的灵活性。

⑦ 天线增益高、方向性强。当天线面积给定时，天线增益与工作波长的平方成反比。由于微波通信的工作波长短，天线尺寸可做得很小，通常做成增益高、方向性强的面式天线。这样可以降低微波发信机的输出功率，利用微波天线强的方向性使微波传播方向对准下一接收站，减少通信中的相互干扰。

⑧ 投资少、建设快。与其他有线通信相比，在通信容量和质量基本相同的条件下，按话路公里计算，微波中继通信线路的建设费用低，建设周期短。

⑨ 数字化。对于数字微波通信系统来说，是利用微波信道传输数字信号，因为基带信号为数字信号，所以称为数字微波通信系统。

四、卫星信道

卫星通信是利用位于同步轨道的通信卫星作为中继站来转发或反射无线电信号，在两个或多个地面站之间进行通信。和微波通信相比，卫星通信的优点是不受地形和距离的限制，通信容量大，覆盖面积大，不受大气层骚动的影响，通信可靠。凡在需要通信的地方，只要设立一个卫星通信地面站，便可以利用卫星进行转接通信。

图 2-26 是一个简单的卫星通信系统示意图。卫星上可以有多个转发器，它的作用是接收、放大与发送信息。一般地说，地面通信线路的成本随着距离的增加而提高，而卫星通信与距离无关。这就使得长距离干线或幅员广大的地区采用卫星通信较合适。要想采用卫星通信方式，必须租用或拥有一个星上应答器，并具有必要的上行和下行联络设备。一些电力公司已成功地采用了

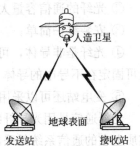

图 2-26　卫星通信系统示意图

卫星通信为 SCADA 服务。由于卫星在同步轨道的超高空上，报文来回一次的时间约为 1/4s，传输延迟大，所以不能用于响应速度要求很快的场合如继电保护等。

五、光纤信道

光纤通信就是以光波为载体、以光导纤维作为传输媒质，将信号从一处传输到另一处的一种通信手段。

通常"光纤"与"光缆"两个名词会被混淆。多数光纤在使用前必须由几层保护结构包覆，包覆后的缆线即被称为"光缆"。光纤外层的保护结构

可防止周围环境对光纤的伤害，如水、火、电击等。光缆分为光纤、缓冲层及披覆。光纤和同轴电缆相似，只是没有网状屏蔽层。中心是光传播的玻璃芯。在多模光纤中，芯的直径是 15～50mm，大致与人的头发的粗细相当。而单模光纤芯的直径为 8～10mm。芯外面包围着一层玻璃封套，以使光纤保持在芯内。再外面的是一层薄的塑料外套，用来保护封套。光纤通常被扎成束，外面有外壳保护。纤芯通常是由石英玻璃制成的横截面积很小的双层同心圆柱体，它质地脆，易断裂，因此需要外加一保护层。图2-27 显示了典型的光缆组成，芯材由填充材料包裹，形成光纤。

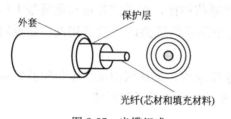

图 2-27　光缆组成

随着光纤通信技术的发展，光纤通信在变电站作为一种主要的通信方式已越来越得到广泛的应用。其特点如下：

① 光纤通信优于其他通信系统的一个显著特点是它具有很好的抗电磁干扰能力；

② 光纤的通信容量大、功能价格比高；

③ 安装维护简单；

④ 光纤是非导体，可以很容易地与导线捆在一起敷设于地下管道内；也可固定在不导电的导体上，如电力线架空地线复合光纤；

⑤ 变电站还可以采用与电力线同杆架设的自承式光缆。

光纤通信是用光导纤维作为传输媒介，形式上是采用有线通信方式，而实质上它的通信系统是采用光波的通信方式，波长为纳米波。目前，光纤通信系统是采用简单的直接检波系统，即在发送端直接把信号调制在光波上（将信号的变化变为光频强度的变化）通过光纤传送到接收端。接收端直接用光电检波管将光频强度的变化转变为电信号的变化。

光纤通信系统主要由电端机、光端机和光导纤维组成，如图 2-28 所示为一个单方向通道的光纤通信系统。

发送端的电端机对来自信源的模拟信号进行 A/D 变换，将各种低速率数字信号复接成一个高速率的电信号进入光端机的发送端。光纤通信的光发射机俗称光端机，实质上是一个电光调制器，它用脉冲编码调制（PCM）电端机发数字脉冲信号驱动电源（如图中发光二极管 LED），发出被 PCM电信号调制的光信号脉冲，并把该信号耦合进光纤送到对方。远方的光接收机，也称光端机，装有检测器（一般是半导体雪崩 H 极管 APD 或光电二极

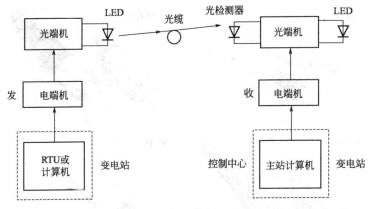

图 2-28 光纤通信构成示意图

管 PIN）把光信号转换为电信号经放大和整形处理后再送至 PCM 接收端机还原成发送端信号。远动和数据信号通过光纤通信进行传送是将远动装置或计算机系统输出的数字信号送入 PCM 终端机。因此，PCM 终端机实际上是光纤通信系统与 RTU 或计算机的外部接口。

光纤通信的设计内容主要包括光纤线路和光缆的选择、调制方式、线路码型的选择、光纤路由的选择、光源和光检测器的选择以及系统接口。

光纤连接需要使用光纤连接器。光纤连接器是光纤与光纤之间进行可拆卸（活动）连接的器件，它是把光纤的两个端面精密对接起来，以使发射光纤输出的光能量能最大限度地耦合到接收光纤中去，并使由于其介入光链路而对系统造成的影响减到最小，这是光纤连接器的基本要求。在一定程度上，光纤连接器也影响了光传输系统的可靠性和各项性能。

光纤连接器按连接头结构形式可分为 FC、SC、ST、LC、D4、DIN、MU、MT 等各种形式。其中，ST 连接器通常用于布线设备端，如光纤配线架、光纤模块等；而 SC 和 MT 连接器通常用于网络设备端。按光纤端面形状分有 FC、PC（包括 SPC 或 UPC）和 APC；按光纤芯数划分还有单芯和多芯（如 MT-RJ）之分。如图 2-29、图 2-30 所示。光纤连接器应用广泛，品种繁多。在实际应用过程中，我们一般按照光纤连接器结构的不同来加以区分。以下是一些目前比较常见的光纤连接器。

① FC 型光纤连接器的外部加强方式是采用金属套，紧固方式为螺丝扣。此类连接器结构简单，操作方便，制作容易，但光纤端面对微尘较为敏感，且容易产生菲涅尔反射，提高回波损耗性能较为困难。后来，对该类型连接器做了改进，采用对接端面呈球面的插针（PC），而外部结构没有改变，使得插入损耗和回波损耗性能有了较大幅度的提高。

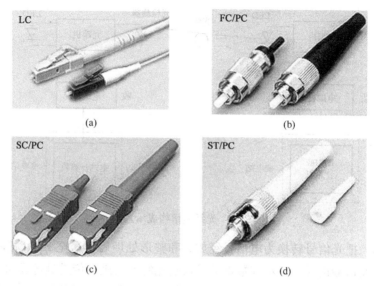

图 2-29 光纤接头

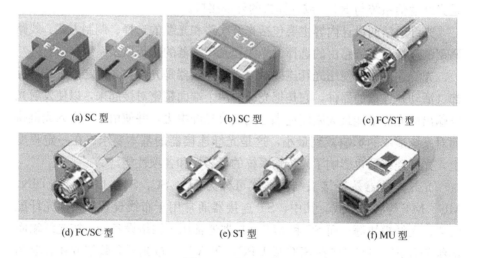

图 2-30 光纤连接器

② SC 型光纤连接器的外壳呈矩形，所采用的插针与耦合套筒的结构尺寸与 FC 型完全相同。此类连接器是矩形塑料插拔式结构，直接插拔，容易拆装，缺点是容易掉出来，多用于多根光纤与空间紧凑结构的法兰之间的连接。ST、SC 连接器接头常用于一般网络。

③ ST 和 SC 接口是光纤连接器的两种类型，对于 10Base-F 连接来说，连接器通常是 ST 类型的，对于 100Base-FX 来说，连接器大部分情况下为 SC 类型的。ST 连接器的芯外露，SC 连接器的芯在接头里面。

④ MU 连接器是以目前使用最多的 SC 型连接器为基础的单芯光纤连接器。该连接器采用 1.25mm 直径的套管和自保持机构，其优势在于能实现高密度安装。它们有用于光纤连接的插座型连接器（MU-A 系列）；具有自保持机构的底板连接器（MU-B 系列）以及用于连接 LD/PD 模块与插头的简化插座（MU-SR 系列）等。随着光纤网络向更大带宽更大容量方向的迅速发展和 DWDM 技术的广泛应用，对 MU 型连接器的需求也将迅速增长。

⑤ LC 型连接器采用操作方便的模块化插孔（RJ）闩锁机理制成。其所采用的插针和套筒的尺寸是普通 SC、FC 等所用尺寸的一半，为 1.25mm。这样可以提高光纤配线架中光纤连接器的密度。目前，在单模 SFF 方面，LC 类型的连接器实际已经占据了主导地位，在多模方面的应用也增长迅速。

光纤连接示意图如图 2-31 所示。

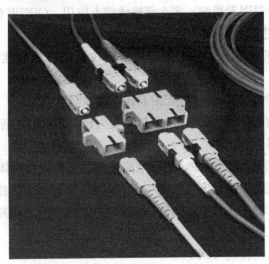

图 2-31 光纤连接示意图

六、电力系统特种光缆的种类

（1）光纤复合地线（OPGW）

光纤复合地线又称地线复合光缆、光纤架空地线等，是在电力传输线路的地线中含有供通信用的光纤单元。它具有两种功能：一是作为输电线路的防雷线，对输电导线抗雷闪放电提供屏蔽保护；二是通过复合在地线中的光纤来传输信息。OPGW 是架空地线和光缆的复合体，但并不是它们之间的简单相加。OPGW 典型结构如图 2-32 所示。

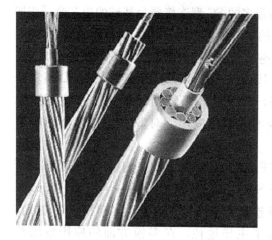
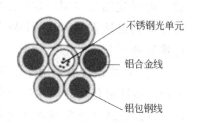

不锈钢光单元

铝合金线

铝包钢线

图 2-32 OPGW 典型结构

OPGW 光缆主要在 500kV、220kV、110kV 电压等级线路上使用，受线路停电、安全等因素影响，多在新建线路上应用。OPGW 的适用特点是：

① 高压超过 110kV 的线路，档距较大；

② 易于维护，对于线路跨越问题易解决，其机械特性可满足线路大跨越；

③ OPGW 外层为金属铠装，对高压电蚀及降解无影响；

④ OPGW 在施工时必须停电，停电损失较大，所以在新建 110kV 以上高压线路中使用；

⑤ OPGW 的性能指标中，短路电流越大，需要用良导体做铠装，则相应降低了抗拉强度，而在抗拉强度一定的情况下，要提高短路电流容量，只有增大金属截面积，从而导致缆径和缆重增加，这样就对线路杆塔强度提出了安全问题。

（2）光纤复合相线（OPPC）

在电网中，有些线路可不设架空地线，但相线是必不可少的。为了满足光纤联网的要求，与 OPGW 技术相类似，在传统的相线结构中以合适的方法加入光纤，就成为光纤复合相线（OPPC）。虽然它们的结构雷同，但从设计到安装和运行，OPPC 与 OPGW 有原则的区别。

（3）金属自承光缆（MASS）

金属绞线通常用镀锌钢线，因此结构简单，价格低廉。MASS 作为自承光缆应用时，主要考虑强度和弧垂以及与相邻导/地线和对地的安全间距。它不必像 OPGW 要考虑短路电流和热容量，也不需要像 OPPC 那样要考虑绝缘、载流量和阻抗，其外层金属绞线的作用仅是容纳和保护光纤。

（4）全介质自承光缆（ADSS）

ADSS 光缆在 220kV、110kV、35kV 电压等级输电线路上广泛使用，特别是在已建线路上使用较多。它能满足电力输电线跨度大、垂度大的要求。标准的 ADSS 设计可达 144 芯。其特点是：

① ADSS 内光纤张力理论值为零；

② ADSS 光缆为全绝缘结构，安装及线路维护时可带电作业，这样可大大减少停电损失；

③ ADSS 的伸缩率在温差很大的范围内可保持不变，而且其在极限温度下，具有稳定的光学特性；

④ ADSS 光缆直径小、重量轻，可以减少冰和风对光缆的影响，其对杆塔强度的影响也很小；

⑤ 全介质、无金属、避免雷击。

图 2-33 为 ADSS 的典型结构图。

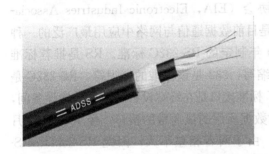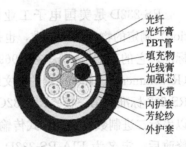

光纤
光纤膏
PBT管
填充物
光线膏
加强芯
阻水带
内护套
芳纶纱
外护套

图 2-33　全介质自承光缆典型结构图

（5）附加型光缆（OPAC）

附加型光缆是无金属捆绑式架空光缆和无金属缠绕式光缆的统称，是在电力线路上建设光纤通信网络的一种既经济又快捷的方式。它们用自动捆绑机和缠绕机将光缆捆绑和缠绕在地线或相线上，其共同的优点是：光缆重量轻、造价低、安装迅速，在地线或 10/35kV 相线上可不停电安装。共同的缺点是：由于都采用了有机合成材料做外护套，因此都不能承受线路短路时相线或地线上产生的高温，都有外护套材料老化问题，施工时都需要专用机械，在施工作业性、安全性等方面问题较多，而且其容易受到外界损害，如鸟害、枪击等，因此在电力系统中都未能得到广泛的应用。

目前，在我国应用较多的电力特种光缆主要有 ADSS 和 OPGW。

第四节　串行数据通信接口标准

在远动系统中，特别是微机保护、自动装置与监控系统相互通信电路中，主要是使用串行通信。串行通信在数据传输规约"开放系统互联（OSI）参考模型"的七层结构中属于物理层。主要解决的是建立、保持和拆除数据终端设备（DTE）和数据传输设备（DCE）之间的数据链路的规约。在设计串行通信接口时，主要考虑的问题是串行标准通信接口、传输介质、电平转换等问题。这里的数据终端设备（DTE）一般可认为是 RTU、计量表、图像设备、计算机等。数据传输设备（DCE）一般指可直接发送和接收数据的通信设备，调制解调器就是一般 DCE 的一种。本节主要介绍 RS-232D 和 RS-485 的机械、电气、功能和控制特性标准。

一、物理接口标准 RS-232D

RS-232D 是美国电子工业协会（EIA，Electronic Industries Association）制定的物理接口标准，也是目前数据通信与网络中应用最广泛的一种标准。它的前身是 EIA 在 1969 年制定的 RS-232C 标准。RS 是推荐标准（Recommend Standard）的英文缩写，232 是该标准的标识符，RS-232C 是 RS-232 标准的第三板。RS-232C 标准接口是在终端设备和数据传输设备间，以串行二进制数据交换方式传输数据所用的最通常的接口。经 1987 年 1 月修改后，定名为 EIA-RS-232D。由于两者相差不大，因此 RS-232D、RS-422 与 RS-232C 在物理接口标准中基本成为等同的接口标准，人们经常称它们为"RS-232 标准"。作为工业标准，以保证不同厂家产品之间的兼容。RS-422 由 RS-232 发展而来，它是为弥补 RS-232 之不足而提出的。RS-422 是一种单机发送、多机接收的单向、平衡传输规范，被命名为 EIA-422-A 标准。为扩展应用范围，EIA 又于 1983 年在 RS-422 基础上制定了 RS-485 标准，增加了多点、双向通信能力，即允许多个发送器连接到同一条总线上，同时增加了发送器的驱动能力和冲突保护特性，扩展了总线共模范围。

RS-232 具有 DB9 和 DB25 两种连接器。RS-232D 标准给出了接口的电气特性和机械特性及每个针脚的作用，如图 2-34 所示。RS-232D 标准把调制解调器作为一般的数据传输设备（DCE）看待，把计算机或终端作为数据终端设备（DTE）看待。图 2-34（a）表示电话网上的数据通信。常用的大部分数据线、控制线如图 2-34（b）所示。图 2-34（c）给出了 DB-25 型连接器图。RS-232D 的特性如下：

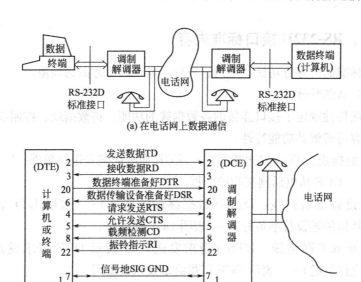

(a) 在电话网上数据通信

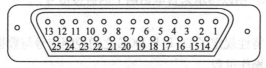

(b) RS-232D 标准接口的数据和控制线

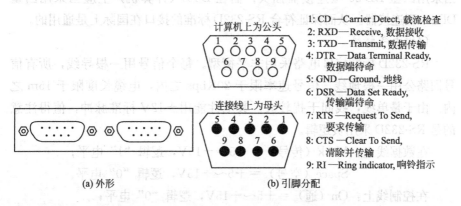

(c) DB-25 型连接器

图 2-34　RS-232D 接口标准

DB-25 型连接器虽然定义了 25 根信号，但实际异步通信时，只需 9 个信号；即 2 个数据信号，6 个控制信号和 1 个信号地线。故目前电力现场常常采用 DB-9 型连接器，作为两个串行口的连接器，如图 2-35 所示为 DB-9 型连接器外形及引脚分配。

计算机上为公头

连接线上为母头

1: CD—Carrier Detect, 载流检查
2: RXD—Receive, 数据接收
3: TXD—Transmit, 数据传输
4: DTR—Data Terminal Ready,
　　 数据端待命
5: GND—Ground, 地线
6: DSR—Data Set Ready,
　　 传输端待命
7: RTS—Request To Send,
　　 要求传输
8: CTS—Clear To Send,
　　 清除并传输
9: RI—Ring indicator, 响铃指示

(a) 外形　　　　　　　　　(b) 引脚分配

图 2-35　EIA-232 标准 DB-9 型连接器外形及引脚分配

二、RS-232D 接口标准内容

该标准的内容分功能、规约、机械、电气四个方面的规范。

（1）功能特性

功能特性规定了接口连接的各数据线的功能。将数据线、控制线分成四组，更容易理解其功能特性。

① 数据线：TD（发送数据）——DCE 向电话网发送的数据；RD（接收数据）——DCE 从电话网接收的数据。

② 设备准备好线：DTR（数据终端准备好）——表明 DTE 准备好；DSR（数据传输设备准备好）——表明 DCE 准备好。

③ 半双工联络线：RTS（请求发送）——表示 DTE 请求发送数据；CTS（允许发送）——表示 DCE 可供终端发送数据用。

④ 电话信号和载波状态线：CD（载波检测）——DCE 用来通知终端，收到电话网上载波信号，表示接收器准备好；RI（振铃指示）——收到呼叫，自动应答 DCE，用以指示来自电话网上的振铃信号。

（2）规约特性

RS-232D 规约特性规定了 DTE 与 DCE 之间控制信号与数据信号的发送时序、应答关系与操作过程。

（3）机械特性

在机械特性方面，RS-232D 规定了用一个 25 根插针（DB-25）的标准连接器，一台具有 RS-232 标准接口的计算机应当在针脚 2 上发送数据，在针脚 3 上接收数据。有时还会在 DB-25 型连接器上看到字母"P"或"S"的字样，这表示连接器是凸型的"P"还是凹型的"S"。通常在 DCE 上应当采用凹型 DB-25 型连接器插头；而在 DTE（计算机）上应当采用凸型 DB-25 型连接器。从而保证符合 RS-232D 标准的接口在国际上是通用的。

（4）电气特性

RS-232D 标准接口电路采用非平衡型。每个信号用一根导线，所有信号回路公用一根地线。信号速率限于 20Kbps 之内，电缆长度限于 15m 之内。由于是单线，线间干扰较大。其电性能用±12V 标准脉冲，值得注意的是 RS-232D 采用负逻辑。

在数据线上：Mark（传号）＝－5～－15V，逻辑"1"电平；

Space（空号）＝＋5～＋15V，逻辑"0"电平。

在控制线上：On（通）＝＋5～＋15V，逻辑"0"电平；

Off（断）＝－5～－15V，逻辑"1"电平。

三、RS-232 串口通信的连接方法

RS-232 简单的连接方法常用三线制接法，即地、接收数据、发送数据三线互联。因为串口传输数据只要有接收数据引脚和发送数据引脚就能实现，如表 2-1 所示。

表 2-1 串行连接方法表

连接器型号	9 针-9 针		25 针-25 针		9 针-25 针	
引脚编号	2	3	3	2	2	2
	3	2	2	3	3	3
	5	5	7	7	5	7

连接的原则是接收数据引脚（或线）与发送数据引脚（或线）相连，彼此交叉，信号地对应连接。

四、物理接口标准 RS-422 与 RS-485

在许多工业环境中，要求用最少的信号线完成通信任务，目前广泛应用的 RS-485 串行接口正是在这种背景下应运而生的。在要求通信距离为几十米到上千米时，广泛采用 RS-485 串行总线标准。

RS-422、RS-485 与 RS-232 不一样，数据信号采用差分传输方式，也称作平衡传输，所谓平衡传输，是指双端发送和双端接受，它使用一对双绞线。如图 2-36 所示。通常情况下，发送驱动器在两条线之间的正电平在 +2～+6V，是一个逻辑状态，负电平在 −2～−6V 是另一个逻辑状态。在 RS-485 中还有一"使能端"，而在 RS-422 中这是可用可不用的。"使能端"是用于控制发送驱动器与传输线的切断与连接。当"使能端"起作用时，发送驱动器处于高阻状态，称作"第三态"，即它是有别于逻辑"1"与"0"的第三态。RS-485 采用半双工作方式，任何时候只能有一点处于发送状态，因此，发送电路须由使能信号加以控制。

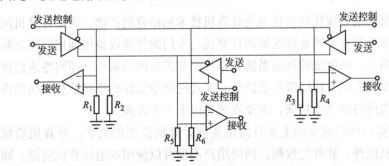

图 2-36 RS-485 多站连接

RS-485 与 RS-422 一样，其最大传输距离约为 1219m，最大传输速率为10Mbps。平衡双绞线的长度与传输速率成反比，在 100Kbps 速率以下，才可能使用规定最长的电缆长度。只有在很短的距离下才能获得最高速率传输。一般 100m 长双绞线最大传输速率仅为 1Mbps。

RS-485 需要 2 个终接电阻，其阻值要求等于传输电缆的特性阻抗。在近距离传输时可不需终接电阻，即一般在 300m 以下不需终接电阻。终接电阻接在传输总线的两端。

RS-485 与 RS-422 适用于多个点之间共用一对线路进行总线式联网，用于多站互联非常方便，在点对点远程通信时，其电气连接如图 2-36 所示。在 RS-485 互联中，某一时刻两个站中，只有一个站可以发送数据，而另一个站只能接收数据，因此其通信只能是半双工的，且其发送电路必须由使能端加以控制。当发送使能端为高电平时发送器可以发送数据，为低电平时，发送器的两个输出端都呈现高阻态，此节点就从总线上脱离，好像断开一样。

串口调试中要注意的几点：

① 不同编码机制不能混接，如 RS-232C 不能直接与 RS-422 接口相连，市面上有卖专门的各种转换器，必须通过转换器才能连接；

② 线路焊接要牢固，不然程序没问题，却因为接线问题误事；

③ 串口调试时，准备一个好用的调试工具，如串口调试助手、串口精灵等，有事半功倍之效果；

④ 不要带电插拔串口，插拔时至少有一端是断电的，否则串口易损坏。

第五节　计算机网络基础

一、计算机网络定义

计算机网络是现代通信技术与计算机技术相结合的产物。所谓计算机网络，就是把分布在不同地理区域的计算机与专门的外部设备用通信线路互联成一个规模大、功能强的网络系统，以功能完善的网络软件（即网络通信协议、信息交换方式、网络操作系统等）实现网络中资源共享和信息交换的系统。计算机网络的基本特征，主要表现在以下三个方面。

① 计算机网络建立的主要目的是实现计算机资源的共享。计算机资源是指计算机硬件、软件与数据。网络用户不但可以使用本地计算机资源，而且可以通过网络访问联网的远程计算机资源，还可以调用网中几台不同的计

算机共同完成某项任务。

　　② 互联的计算机是分布在不同地理位置的多台独立的"自治计算机"。互联的计算机之间可以没有明确的主从关系，每台计算机既可以联网工作，也可以脱网独力工作，联网计算机可以为本地用户提供服务，也可以为远程网络用户提供服务。

　　③ 联网计算机之间的通信必须遵循共同的网络协议。计算机网络是由多个互联的节点组成的，节点之间要做到有条不紊地交换数据，每个节点都必须遵循有些事先约定好的通信规则，否则计算机间无法进行交流。

二、现代计算机网络结构的特点

　　早期的计算机网络主要是广域网，它是通过通信线路将分布在不同地理位置的计算机互联起来。计算机网络要完成数据处理与数据通信两大基本功能。所以，它在结构上必然可以分成两个部分：负责数据处理的主机与终端；负责数据通信处理的通信控制处理机（CCP）与通信线路。因此，从计算机网络组成的角度看，早期的计算机网络从逻辑功能上可以分为资源子网和通信子网两个部分。图 2-37 给出了早期计算机网络的结构示意图。

　　资源子网由主计算机系统、终端、终端控制器、联网外设、各种软件资源与信息资源组成。资源子网负责全网的数据处理业务，向网络用户提供各种网络资源与网络服务。主机是资源子网的主要组成单元，它通过高速通信线路与通信子网的通信控制处理机相连接。普通用户终端通过主机连入网内。主机要为本地用户访问网络其他主机设备与资源提供服务，同时要为网中远程用户共享本地资源提供服务。

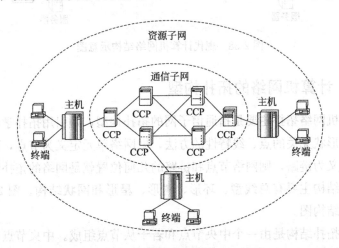

图 2-37　早期计算机网络典型结构

终端用户是用户访问网络的界面。终端设备是用户与网络之间的接口，用户可以通过终端取得网络服务。终端设备一般与通信控制处理机或集中器相连。

通信子网由通信控制处理机、通信线路和其他通信设备组成，完成网络数据传输、转发等通信处理任务。

随着微型计算机和局域网的广泛应用，使用大型机与中型机的主机-终端系统的用户减少，现代网络结构已经发生变化。大量的微型计算机通过局域网连入广域网，而局域网与广域网、广域网与广域网的互联是通过路由器实现的。这样就形成一种由路由器互联的大型、层次结构的互联网络。图2-38 给出了现代计算机网络的简化结构示意图。

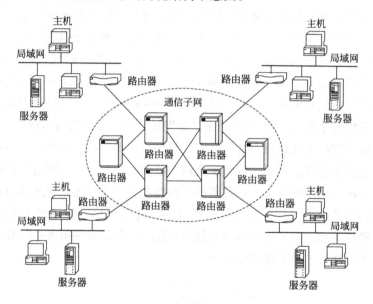

图 2-38 现代计算机网络结构示意图

三、计算机网络的拓扑构型

计算机网络拓扑主要是指通信子网的拓扑构型，是引用拓扑学中的研究与大小、形状无关的点、线特性的方法，把网络单元定义为节点，两节点间的线路定义为链路，则网络节点和链路的几何位置就是网络的拓扑结构。网络的拓扑结构主要有总线型、环形、树形、星形和网状结构。图 2-39 是它们的拓扑结构图。

星形拓扑结构是由一个中央节点和若干从节点组成。中央节点可以与从节点直接通信，而从节点之间的通信必须经过中央节点的转发。

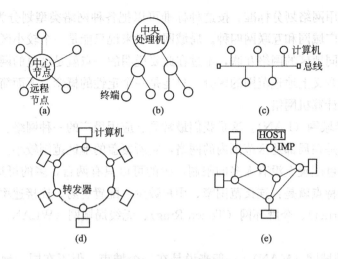

图 2-39　计算机网络的拓扑结构图

树形网络是将多级星形网络按层次方式排列成。网络的最高层是中央处理机、最低层是终端，而其他各层可以是多路转换器、集中器或部门用计算机。

总线拓扑结构是将网络中的所有设备都通过一根公共总线连接，通信时信息沿总线进行广播式传送。总线拓扑结构简单，增删节点容易。网络中任何节点的故障都不会造成全网的瘫痪，可靠性高。但是任何两个节点之间传送数据都要经过总线，总线成为整个网络的瓶颈。当节点数目多时，易发生信息拥塞。

环形拓扑结构中，所有设备被连接成环，每一台设备只能和相邻节点直接通信。数据将沿一个方向逐站传送。环形拓扑结构传输路径固定，无路径选择问题，故实现简单。但任何节点的故障都会导致全网瘫痪，可靠性较差。网络的管理比较复杂，投资费用较高。当环形拓扑结构需要调整时，如节点的增、删、改，一般需要将整个网重新配置，扩展性、灵活性差，维护困难。

在网状拓扑结构中，节点之间的连接是任意的，没有规律。网状拓扑结构的主要优点是系统可靠性高，但是结构复杂，必须采用路由选择算法与流量控制方法。目前实际存在和使用的广域网，基本上都是采用网状拓扑结构的。

四、计算机网络的分类

虽然网络类型的划分标准各种各样，但是从地理范围划分是一种大家都认可的通用网络划分标准。按这种标准可以把各种网络类型划分为局域网、城域网、广域网和互联网四种。局域网一般来说只能是一个较小区域内，城域网是不同地区的网络互联，不过在此要说明的一点就是这里的网络划分并没有严格意义上地理范围的区分，只能是一个定性的概念。下面简要介绍一下这几种计算机网络。

① 局域网（LAN）。这是我们最常见、应用最广的一种网络。所谓局域网，那就是在局部地区范围内的网络，它所覆盖的地区范围较小。局域网在计算机数量配置上没有太多的限制，少的可以只有两台，多的可达几百台。局域网的特点就是：连接范围窄、用户数少、配置容易、连接速率高。以太网（Ethernet）、令牌环网（Token Ring）、无线局域网（WLAN）等都是局域网。

② 城域网（MAN）。一般来说是在一个城市，但不在同一地理小区范围内的计算机互联。这种网络的连接距离可以在 $10 \sim 100 km$。MAN 与 LAN 相比扩展的距离更长，连接的计算机数量更多，在地理范围上可以说是 LAN 网络的延伸。在一个大型城市或都市地区，一个 MAN 网络通常连接着多个 LAN 网。

③ 广域网（WAN）。也称为远程网，所覆盖的范围比城域网（MAN）更广，它一般是在不同城市之间的 LAN 或者 MAN 网络互联，地理范围可从几百公里到几千公里。因为距离较远，信息衰减比较严重，所以这种网络一般是要租用专线，通过接口信息处理协议和线路连接起来，构成网状结构，解决循径问题。

④ 互联网（Internet）又称为"英特网"。就是我们常说的"Web"、"WWW"和"万维网"等多种叫法。从地理范围来说，它可以是全球计算机的互联，这种网络的最大的特点就是不定性，当计算机连在互联网上的时候，计算机可以算是互联网的一部分，但一旦当计算机断开互联网的连接时，计算机就不属于互联网了。但它的优点也是非常明显的，就是信息量大，传播广，无论身处何地，只要连上互联网就可以对任何可以联网用户发出信函和广告。

五、网络协议与 OSI 七层参考模型

计算机网络通信是一个非常复杂的过程，将一个复杂过程分解为若干个容易处理的部分，然后逐个分析处理，这种结构化设计方法是工程设计中经常用到的手段。一方面，分层就是系统分解的最好方法之一；另一方面，计算机网络系统是一个十分复杂的系统，要使其能协同工作实现信息交换和资

源共享，它们之间必须具有共同约定。如何表达信息、交流什么、怎样交流及何时交流，都必须遵循某种互相都能接受的规则。

1. 网络协议的概念

一个计算机网络有许多互相连接的节点，在这些节点之间要不断地进行数据的交换。要做到有条不紊地交换数据，每个节点就必须遵守一些事先约定好的规则。这些为进行网络中的数据交换而建立的规则、标准或约定即称为网络协议。

网络协议主要由以下 3 个要素组成。

① 语法：即数据与控制信息的结构或格式。例如在某个协议中，第一个字节表示源地址，第二个字节表示目的地址，其余字节为要发送的数据等。

② 语义：定义数据格式中每一个字段的含义。例如发出何种控制信息、完成何种动作以及做出何种应答等。

③ 同步：收发双方或多方在收发时间和速度上的严格匹配，即事件实现顺序的详细说明。

国际上制定通信协议和标准的主要组织有：电气和电子工程师协会（IEEE）、国际标准化组织（ISO）、国际电信联盟（ITU）、电子工业协会（EIA）等。IEEE 在通信领域最著名的研究成果是 802 标准。802 标准定义了总线网络和环形网络等的通信协议。ISO 最有意义的工作就是它对开放系统的研究。在开放系统中，任意两台计算机可以进行通信，而不必理会各自有不同的体系结构。具有七层协议结构的开放系统互联模型（OSI）就是一个众所周知的例子。国际电信联盟已经制定了许多网络和电话通信方面的标准。

2. 网络体系的分层结构

网络通信需要完成很复杂的功能，若制定一个完整的规则来描述所有这些问题是很困难的。实践证明，对于非常复杂的计算机网络协议，最好的方法是采用分层式结构，每一层关注和解决通信中的某一方面的规则。

层次结构的主要优点如下。

① 层之间是独立的。由于每一层只实现一种相对独立的功能，因而可将一个难以处理的复杂问题分解为若干个较容易处理的更小一些的问题。这样，将问题的复杂程度下降了。

② 灵活性好。当任何一层发生变化时，只要层间接口关系保持不变，则在这层以上或以下各层均不受影响。此外，对某一层提供的服务还可进行修改。当某层提供的服务不再需要时，甚至可以将这层取消。

③ 结构上可分割开。各层都可以采用最合适的技术来实现。便于各层软件、硬件及互联设备的开发。

④ 易于实现和维护。这种结构使得实现和调试一个庞大而又复杂的系统变得易于处理，因为整个的系统已被分解为若干个相对独立的子系统。

⑤ 能促进标准化工作。因为每一层的功能及其所提供的服务都已有了精确的说明。

分层时应注意层次的数量和使每一层的功能非常明确。一般来说，层次划分应遵循以下原则：结构清晰、易于设计、层数应适中。若层次太少，就会使每一层的协议太复杂，但层数太多又会在描述和实现各层功能的系统工程任务时遇到较多的困难。每层的功能应是明确的，并且是相互独立的。当某一层的具体实现方法更新时，只要保持上、下层的接口不变，便不会对相邻层产生影响。同一节点相邻层之间通过接口通信，层间接口必须清晰，跨越接口的信息量应尽可能少。每一层都使用下层的服务，并为上层提供服务。网中各节点都有相同的层次，不同节点的同等层按照协议实现对等层之间的通信。因此，所谓网络的体系结构就是计算机网络各层次及其协议的集合。层次结构一般以垂直分层模型来表示。

3. 开放系统互联（OSI）基本参考模型

开放系统互联基本参考模型是由国际标准化组织于 1997 年开始研究，1983 年正式批准的网络体系结构参考模型。这是一个标准化开放式计算机网络层次结构模型。在这里"开放"的含义表示能使任何两个遵守参考模型和有关标准的系统进行互联。OSI 的体系结构定义了一个七层模型，从下向上依次包括物理层、数据链路层、网络层、传输层、会话层、表示层和应用层，如图 2-40 所示。

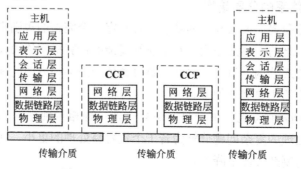

图 2-40 （OSI）七层参考模型结构

各层的主要功能如下。

① 物理层。在 OSI 参考模型中，物理层是参考模型的最低层。它是连

接两个物理设备，直接和传输介质相连。为链路层提供透明位流传输所必须遵循的规则，有时称为物理接口。接口两边的设备叫做数据终端设备（DTE）和数据电路终接设备（DCE）。物理层的任务是实现网内两实体间的物理连接，按位串行传送比特流，将数据信息从一个实体经物理信道送往另一个实体，向数据链路层提供一个透明的比特流传送服务。

② 数据链路层：数据链路层是 OSI 七层协议中的第二层。数据链路层主要负责在两个相邻节点间的链路上无差错地传送传输以"帧"为单位的数据包。

一个报文是由若干个字符组成的完整的信息，通常把冗长的报文按一定要求分块，每个代码块加上一定的头部信息，对该代码块进行说明，这样的代码块称为包或分组。在相邻两节点间传输这些包时，为了差错控制给每个包加上头尾信息，便构成帧。

帧是一种信息单位，每一帧应该包括一定数量的数据和一些必要的控制信息。控制信息包括同步信息（帧的开始、结束信息）、地址信息、差错控制信息以及流量控制信息等。

数据链路层主要解决：第一是数据链路连接的建立和拆除；第二是信息的传输；第三是传输差错的控制；第四是异常情况的处理。

③ 网络层。网络层是 OSI 七层协议的第三层，介于数据链路层和传输层之间。数据链路层提供的是两个节点之间数据的传输，还没有做到主机到主机之间数据的传输，而主机到主机之间数据的传输工作是由网络层来完成的。网络层是通信子网的最高层，网络层的主要功能是：为数据在节点之间传输创建逻辑链路，通过路由选择算法为分组通过通信干网选择最适应的路径，以及实现拥塞控制、网络互联等功能。要很好地进行流量控制，即对发送数据的速度进行控制，一方面使接收方来得及接收数据；另一方面又不能使通信线路空闲，以便充分利用通信线路，这也是网络层的另一功能。网络层传送数据的单位是分组，就是将一个报文分成等长的分组。

以上三层即物理层、链路层和网络层统称为低层协议。低层协议涉及的是节点之间或主机与节点之间的协议和接口，它们一起完成通信子网的通信功能。传输层以上不再考虑主机如何与网络相连，它们是主机到主机之间的协议。

④ 传输层。传输层是 OSI 七层协议的第四层，又称为主机-主机协议层。也有的将传输层称作运输层或传送层。该层的功能是提供一种独立于通信子网的数据传输服务，使源主机与目标主机像是点对点地简单连接起来一样。

⑤ 会话层。会话层是 OSI 七层协议的第五层，又称为会晤层或对话层。会话层的主要功能是负责维护节点之间的会话连接管理与会话数据交换。

⑥ 表示层。表示层是 OSI 七层协议的第六层。表示层的目的是表示出用户看得懂的数据格式，实现与数据表示有关的功能。主要完成数据字符集的转换，数据格式化和文本压缩，数据加密、解密等工作。

⑦ 应用层。应用层是 OSI 七层中的最高层。应用层为用户提供服务，是 OSI 用户的窗口，并为用户提供一个 OSI 的工作环境。应用层的内容主要取决于用户的需要，因为每个用户可以自行解决运行什么程序和使用什么协议。应用层的功能包括程序执行的功能和操作员执行的功能。在 OSI 环境下，只有应用层是直接为用户服务的。应用层包括的功能最多，已经制定的应用层协议很多，例如虚拟终端协议 VTP、电子邮件、事务处理等。

根据七层的功能，又将会话层以上的三层（会话层、表示层、应用层）协议称为高层协议，传输层在 OSI 七层协议中居中，有的将其归入低层协议，有的将其归入高层协议。高层协议是面向信息处理的，完成用户数据处理的功能；低层协议是面向通信的，完成网络功能。

4. OSI 环境

在研究 OSI 参考模型时，我们需要搞清楚它所描述的范围，这个范围称作 OSI 环境。图 2-41 给出了 OSI 环境示意图。OSI 参考模型描述的范围包括联网计算机系统中的应用层到物理层的七层及通信子网，即图中虚线所圈中的范围。

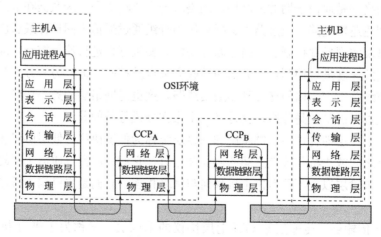

图 2-41　OSI 环境示意图

在图 2-41 中，主机 A 和主机 B 在连入计算机网络前，不需要有实现从应用层到物理层的七层功能的硬件与软件。如果希望连入计算机网络，就必须增加相应的硬件和软件。一般来说，物理层、数据链路层与网络层大部分可以由硬件方式来实现，而高层基本上是通过软件方式来实现的。

　　假设应用进程 A 要与应用进程 B 交换数据。进程 A 与进程 B 分别处于主机 A 与主机 B 的本地系统环境中，即处于 OSI 环境之外。进程 A 首先要通过本地的计算机系统来调用实现应用层功能的软件模块，应用层模块将主机 A 的通信请求传送到表示层；表示层再向会话层传送，直至物理层。物理层通过连接主机 A 与通信控制处理机 CCP_A 的传输介质，将数据传送到 CCP_A。CCP_A 的物理层接收到主机 A 传送的数据后，通过数据链路层检查是否存在传输错误；如果没有错误的话，CCP_A 通过它的网络层来确定下面应该把数据传送到哪一个 CCP。如果通过路径选择算法，确定下一个节点是 CCP_B 的话，那么 CCP_A 就将数据传送到 CCP_B。CCP_B 采用同样的方法，将数据传送到主机 B。主机 B 将接收到的数据，从物理层逐层向高层传送，直至主机 B 的应用层。应用层再将数据传送给主机 B 的进程 B。

5. OSI 环境中的数据传输过程

　　图 2-42 给出了 OSI 环境中的数据流。从图中可以看出，OSI 环境中数据传输过程包括以下 6 步。

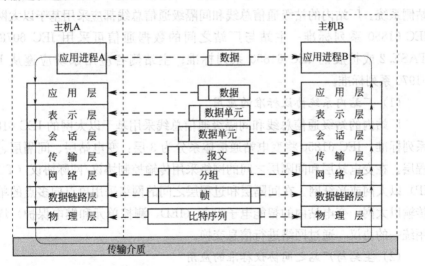

图 2-42　OSI 环境中的数据流

　　① 当应用进程 A 的数据传送到应用层时，应用层为数据加上本层控制报头后，组织成应用层的服务数据单元，然后再传输到应用层。

　　② 表示层接收到这个数据单元后，加上本层的控制报头，组成表示层的服务数据单元，再传送到会话层。依次类推，数据传送到传输层。

③ 传输层接收到这个数据单元后，加上本层的控制报头，就构成了传输层的服务数据单元，它被称为报文。

④ 传输层的报文传送到网络层时，由于网络层数据单元的长度有限制，传输层长报文将被分成多个较短的数据字段，加上网络层的控制报头，就构成了网络层的服务数据单元，它被称为分组。

⑤ 网络层的分组传送到数据链路层时，加上数据链路层的控制信息，就构成了数据链路层的服务数据单元，它被称为帧。

⑥ 数据链路层的帧传送到物理层后，物理层将以比特流的方式通过传输介质传输出去。当比特流到达目的节点主机 B 时，再从物理层依层上传，每层对各层的控制报头进行处理，将用户数据上交高层，最终将进程 A 的数据送给主机 B 的进程 B。

尽管应用进程 A 的数据在 OSI 环境中经过复杂的处理过程才能送达另一台计算机的应用进程 B，但对于每台计算机的应用进程来说，OSI 环境中数据流的复杂处理过程是透明的。应用进程 A 的数据好像是"直接"传送给应用进程 B，这就是开放系统在网络通信过程中最本质的作用。

6. 电力系统数据通信协议标准的应用

电力系统远动系统由三个层次组成，厂站内系统、主站与厂站之间、主站侧系统。厂站内的站级通信总线和间隔级通信总线都应采用基于以太网的 IEC 61850 系列标准；主站与厂站之间的数据通信可采用 IEC 60780-6 TASE.2 或扩展的 IEC 61850 系列标准；主站侧各应用系统应遵从 IEC 61970 系列标准。

（1）厂站内系统协议标准的应用

厂站内的站级通信总线和间隔级通信总线采用基于以太网的 IEC 61850 系列标准。IEC 61850 将变电站通信体系分为 3 层：变电站层、间隔层、过程层。在变电站层和间隔层之间的网络采用传输控制协议/网际协议（TCP/IP）以太网或光纤网。在间隔层和过程层之间的网络采用单点向多点的单向传输以太网。变电站内的智能电子设备（IED，测控单元和继电保护）均采用统一的协议，通过网络进行信息交换。

（2）主站与厂站之间协议标准的应用

主站与厂站之间的数据通信可采用扩展的 IEC 61850 系列或 IEC 608706 TASE.2 标准。数据通信传输协议主要应用于计算机之间的数据通信及联网，如变电站内的计算机和远方调度工作站、调度工作站和调度工作站之间，调度局和调度局之间。该系列协议一般建立在局域网或广域网的基础上。通过 TASE.2 软件接口规范，可将不同的 MMS 信息映射到控制中心的管理系统。

当通信结构为点对点或点对多点等远动链路结构时。亦即从厂站端向调度端进行信息传输时，可采用电力行业标准 DL 451—1991《循环式远动规约》或 DL/T 634—1997（IEC 60870-5-101）《基本远动任务配套标准》，但当使用网络访问时应采用 IEC 60870-5-104。

DL 451—1991《循环式远动规约》（又称远动 CDT 规约）是我国自行制定的第 1 个远动协议。它采用同步传输方式，帧标志为 3 个 EB90H 同步码。该协议一般采用标准的计算机串行口进行数据传输，采用循环发送数据的方式。同步传输时的数据格式为 8 位数据位。传输介质普遍采用铜芯电线、电力线载波、光纤等。其特点是接口简单、传输方便，因而得到了广泛的应用。但由于该协议传输信息量少（仅能传输 256 遥测、512 遥信、64 遥脉），且不能传输全部保护信息，因此难以适应变电站自动化技术。

基本远动任务配套标准 IEC 60870-5-101 一般用于变电站远动设备和调度计算机系统之间，能够传输遥测、遥信、遥调，保护事件信息、保护定值、录波等数据。其传输介质可为双绞线、电力线载波和光纤等，一般采用点对点方式传输，信息传输采用平衡方式（主动循环发送和查询结合的方法）。可传输变电站内包括保护和监控的所有类型信息，因此可满足变电站自动化的信息传输要求。目前已经作为我国电力行业标准推荐采用，且得到了广泛的应用。IEC 61870-5-101 基本远动配套标准规定了电网数据采集和监视控制系统（SCADA）中主站和子站（远动终端）之间以问答方式进行数据传输的帧格式、链路层的传输规则、服务原语、应用数据结构、应用数据编码、应用功能和报文格式。它适用于传统远动的串行通信工作方式，一般应用于变电站与调度所的信息交换，网络结构多为点对点的简单模式或星形模式。作为国家电力行业新的远动标准，101 规约将在今后的一段时间内逐步被贯彻，取代原先部颁 CDT 规约的地位。

电能量传输配套标准 IEC 60870-5-102 主要应用于变电站电量采集终端和电量计费系统之间传输实时或分时电能量数据。该协议支持点对点、点对多点、多点星形、多点共线、点对点拨号的数据传输网络。

继电保护设备信息接口配套标准 IEC 60870-5-103 是将变电站内的保护装置接入远动设备的协议，用以传输继电保护的所有信息。该协议的物理层采用光纤传输，也可以变通为采用 RS-485 标准的双绞线传输。

（3）主站侧各应用系统协议标准的应用

主站侧各应用系统协议标准基础是 IEC 61970 系列，该标准定义了

EMS 应用程序接口标准，提供了 EMS 信息模型的逻辑视图；定义了组件接口规范框架，组件接口规范说明，规定了组成 EMS 应用的各个组件之间接口的规范。公用信息模型是一个抽象模型，它描述了 EMS 信息模型中电力系统包含的所有主要对象，该模型包含这些对象的公共类和属性，以及它们之间的关系（继承关系、简单关联关系、聚合关系）。

第六节　局域网技术的应用

计算机局部网络（Local Area Networks，简写 LAN），简称局域网。顾名思义是运用于局部的、较小区域内的计算机网络。相对于广域网的通信距离远、区域广而言，局域网的主要特点是传输距离比较近，它是把多台小型、微型计算机以及外围设备用通信线路互联起来，并按着网络通信协议实现通信的系统。在该系统中，各计算机既能独立工作，又能交换数据进行通信。构成局域网的四大因素是网络的拓扑结构和传输介质、传输控制和通信方式。

一、局域网所采用的拓扑结构

局域网按其网络拓扑结构仍可分为总线形局域网、环形局域网、星形局域网和树形局域网。应用最广泛的是总线形局域网和环形局域网。

二、局域网的传输信道

局域网可采用双绞线、同轴电缆或光纤等作为传输信道，也可采用无线信道。双绞线是由两根绝缘铜导线拧成规则的螺旋状结构。绝缘外皮是为了防止两根导线短路。每根导线都带有电流，并且其信号的相位差保持 180°，目的是抵消外界电磁干扰对两个电流的影响。螺旋状结构可以有效降低电容（电流流经导线过程中，电容可能增大）和串扰（两根导线间的电磁干扰）。把若干对双绞线捆扎在一起，外面再包上保护层，就是常见的双绞线电缆。如图 2-43 所示。

同轴电缆由四层组成。最里层是一根铜或铝的裸线，这是同轴电缆的导体部分。其上包裹着一层绝缘体，以防止导体与第三层短路。第三层是紧紧缠绕在绝缘体上的金属网，用以屏蔽外界的电磁干扰。最外一层是用作保护的塑料外皮，同轴电缆可满足较高性能的要求，与双绞线相比，同轴电缆可连接较多的设备，传输更远的距离，提供更大的容量，抗干扰能力也较强。如图 2-44 所示。

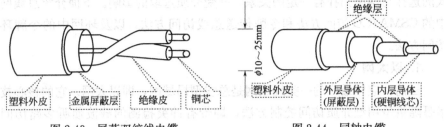

图 2-43　屏蔽双绞线电缆　　　　　图 2-44　同轴电缆

三、局域网的参考模型

由于局域网不采用网状拓扑结构，因此，从源节点到目的节点不存在路由选择问题。而网络层的主要功能是路由选择，因此，局域网的参考模型中，去掉了网络层，而把数据链路层分为介质访问控制子层（MAC）和数据链路控制子层（LLC）。MAC 子层的主要功能是负责与物理层相关的所有问题，LLC 子层不涉及与物理层的问题，主要功能是与高层相关的问题。局域网的参考模型以及与 OSI 参考模型的对照关系如图 2-45 所示。

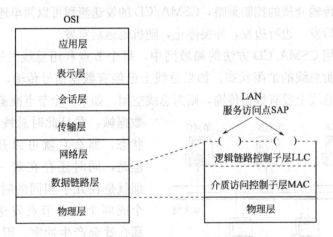

图 2-45　局域网参考模型以及与 OSI 参考模型对照关系

四、几种常见的局域网

在局域网中，所有节点通过公共传输信道互相通信。由于任何一部分物理信道在任何一个时间段内只能被一个站占用来传输信息，因此存在对信道的合理分配问题，这就是对信道的存取控制方式或称传输控制协议。局域网的存取控制主要解决两个问题：一是确定网络中每个节点能够将信息送到通信介质上去的特定时刻；二是对共用通信介质的利用加以控制。存取控制方式的选择与网络拓扑有一定的关系，并受介质选取的影响。下面介绍总线网中的 CSMA/CD 访问方法和令牌传送总线访问方法，以及环网中的令牌环访问方法。

1. 以太网

目前，应用最广的一类局域网是总线型局域网，即以太网。它的核心技术是随机争用型介质访问控制方法，即带有冲突检测的载波侦听多路访问（CSMA/CD）方法。

CSMA/CD 方法用来解决多节点如何共享公用总线的问题。在以太网中，任何节点都没有可预约的发送时间，它们的发送都是随机的，并且网中不存在集中控制的节点，网中节点都必须平等地争用发送时间，这种介质访问控制属于随机争用型方法。

在以太网中，如果一个节点要发送数据，它以"广播"方式把数据通过作为公共传输介质的总线发送出去，连在总线上的所有节点都能"收听"到这个数据信号。由于网中所有节点都可以利用总线发送数据，并且网中没有控制中心，因此冲突的发生将是不可避免的。为了有效地实现分布式多节点访问公共传输介质的控制策略，CSMA/CD 的发送流程可以简单地概括为四点：先听后发，边听边发，冲突停止，随机延迟后重发。

今采用 CSMA/CD 方法的局域网中，每个节点利用总线发送数据时，首先要侦听总线的忙闲状态。如果总线上已经有数据信号传输，则为总线忙；如果总线上没有数据传输，则为总线空闲。如果一个节点准备好发送的数据帧，并且此时总线处于空闲状态，那么它就可以开始发送。但是，同时还存在着一种可能，那就是在几乎相同的时刻，有两个或两个以上节点发送了数据，那么就会产生冲突，因此节点在发送数据时应该进行冲突检测。图 2-46 显示了采用 CSMA/CD 方法的总线型局域网的工作过程。

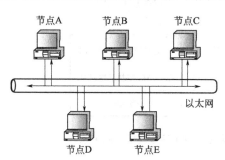

图 2-46 CSMA/CD 的工作原理

所谓冲突检测，就是发送节点在发送数据的同时，将它发送的信号波形与从总线上接收到的信号波形进行比较。如果总线上同时出现两个或两个以上的发送信号，它们叠加后的信号波形将不等于任何节点发送的信号波形。当发送节点发现自己发送的信号波形与从总线上接收到的信号波形不一致时，表示总线上有多个节点在同时发送数据，冲突已经产生。如果在发送数据过程中没有检测出冲突，节点在发送结束后进入正常结束状态；如果在发送数据过程中检测出冲突，为了解决信道争用，节点停止发送数据，随机延迟后再发。

在以太网中，任何一个节点如果想发送数据的话，都要首先争取总线使用权。因此，节点从准备发送数据到成功发送数据，发送等待延迟时间是不确定的。CSMA/CD 方法可以有效地控制多节点对共享总线的访问，方法简单，而且容易实现。

2. 令牌总线网

IEEE 802.4 标准定义了总线拓扑的令牌总线（Token Bus）介质访问控制方法与相应的物理规范。令牌总线是一种总线拓扑中利用"令牌"（Token）作为控制节点访问公共传输介质的确定型介质访问控制方法。任何一个节点只有在取得令牌后才能使用共享总线去发送数据。令牌是一种特殊结构的控制帧，用来控制节点对总线的访问权。图 2-47 给出了正常稳态操作时 Token Bus 的工作过程。

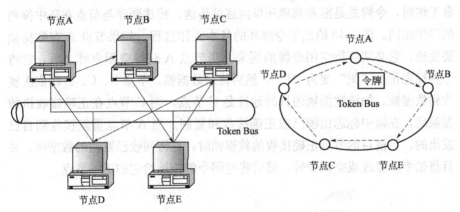

图 2-47　Token Bus 的工作原理示意图

令牌传递规定由高地址向低地址，最后由最低地址向最高地址依次循环传递，从而在一个物理总线上形成一个逻辑环。环中令牌传递顺序与节点在总线上的物理位置无关。因此，令牌总线网在物理上是总线网，而在逻辑上是环网。

令牌帧含有一个目的地址，接收到令牌帧的节点可以在令牌持有的最大时间内发送一个或多个帧。在发生以下这些情况时，令牌持有节点必须交出令牌：

① 该节点没有数据帧等待发送；

② 该节点已发送完所有待发送的数据帧；

③ 该节点持有令牌的最大时间到了。

在网络启动或故障发生后，必须执行环初始化过程，根据某种算法将所有环中节点排序，动态形成逻辑环。Token Bus 方法必须有一种机制，周期性地为新节点加入环提供机会。还必须在任一节点从环中撤出后，将其前一节点、后一节点连接起来，以保持环的完整性。当环中出现令牌丢失或有多个令牌的情况时，Token Bus 方法应能完成环恢复工作。还能支持优先级服务要求，并用一种算法将共享总线的通信容量分配给不同优先级的帧，以确保高优先级与低优先级服务的通信容量的合理分配。

Token Bus 方法主要特点是：介质访问延迟时间有确定值；通过令牌协调各节点之间的通信关系，各节点之间不发生冲突，重负载下信道利用率高；支持优先级服务。

3. 令牌环网

在令牌环（Token Ring）中，节点通过环接口连接成物理环形。令牌是一种特殊的介质访问控制帧。令牌帧中有一位标志令牌的忙/闲。当环正常工作时，令牌总是沿着物理环单向逐站传送，传送顺序与节点在环中排列的顺序相同。图 2-48 给出了令牌环的基本工作过程。如果节点 A 有数据帧要发送，它必须等待空闲令牌的到来。当节点 A 获得空闲令牌之后，它将令牌标志位由"闲"变为"忙"，然后传送数据帧。节点 B、C、D 将依次接收到数据帧。如该数据帧的目的地址是 C 节点，则 C 节点在正确接收该数据帧后，在帧中标志出帧已被正确接收和复制。当 A 节点重新接收到自己发出的、已被目的节点正确接收的数据帧时，它将回收已发送的数据帧，并且将忙令牌修改成空闲令牌，然后将空闲令牌传送给它的下一节点。

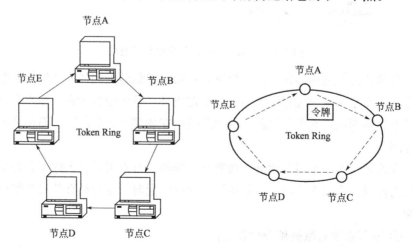

图 2-48　Token Ring 的工作原理示意图

Token Ring 控制方式具有与 Token Bus 方式相似的特点：环中节点访问延迟确定，适用于重负载环境，支持优先级服务。令牌环控制方式的缺点主要表现在：环维护复杂，实现较困难。

以总线形式组成的网络也可设置令牌，其工作原理与环形网令牌相似，节点只有获得空令牌后才有权发送数据。总线令牌与环网令牌的主要差别在于环网中的令牌是沿着环路按节点的物理位置逐点传送，而总线中的令牌则是以广播方式按各节点的逻辑次序依次传送。逻辑次序可以和物理次序不同。每一个站都明确在它之前和之后的站的标识，形成一个虚的"环"，各站以逻辑次序传送令牌。

当节点获得令牌时它就在指定的一段时间内控制信道，可以发送报文，询问别的站或接收响应等。当该站做完了要做的工作或者分配的时间结束，就将令牌传给按逻辑顺序的下一个站，于是下一个站就控制总线，开始工作。

五、局域网的互联

局域网的工作范围只限于有限区域，而域内的计算机有与其他网内的计算机通信的要求。随着网络应用的扩大和网络技术的发展，通过网络互联可以实现更大范围的通信和资源共享。

网络互联可以是局域网之间的互联，也可以是局域网与远程网或远程网之间的互联。互联网络的特性相互之间可能有较大的差别。例如局域网与远程网在数据传输速度和数据链路协议等方面有所不同。根据不同的特点和要求，可采用相应的中继装置实现连接。

（1）中继器

中继器是一种物理层的电子设备，当电子信号在网络介质上传播时，会随着传输距离的增加而衰减。中继器将在信号变得很弱或损坏之前接收该信号，重新生成原始的比特模式，然后将更新过的拷贝放回到链路上。可以延长网络的实际距离，而不以任何形式改变网络的功能。它可以连接不同的物理介质，如一端是双绞线，另一端是光纤。如图 2-49 所示。

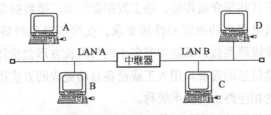

图 2-49　连接两网段的中继器

（2）集线器（Hub）

集线器是一种以星形拓扑结构将通信线路集中在一起的设备，相当于总线，工作在物理层，是局域网中应用最为广泛的连接设备。

（3）网桥

网桥是在数据链路层上实现同构型网络互联的设备，它将两个局域网（LAN）连起来，其基本特征如下。

① 能互联两个在数据链路层具有不同协议、不同传输介质和传输速率的网络。

② 在实现互联网络间的通信时，具有接收、存储、地址识别及转发等功能。

③ 可以分割两个网络间的通信量，有利于改善互联网络的性能与安全性。

图 2-50 示出了局域网 A 和局域网 B 通过网桥互联的例子。当 A 向 B 发送一帧数据时，网桥根据其内部的硬件地址表发现 A 与 B 在相同的 LAN A 上，认为不必转发，将该帧舍弃；若 A 向 C 发送一帧数据，网桥通过地址识别知道通信双方不在同一局域网上，则通过与 LAN B 的网络接口，向 LAN B 转发该帧数据，这时，处在 LAN B 的节点 C 就能收到 A 发送的数据了。对用户来说，两个局域网 LAN A 和 LAN B 就像是一个逻辑的网络，用户可以不知道网桥的存在。即网桥的主要作用是在数据链路层对数据链路层信息进行转发及过滤，主要用于小规模的局域网互联。

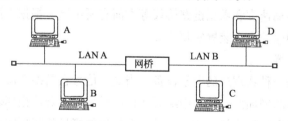

图 2-50　局域网 A 和局域网 B 通过网桥互联

（4）交换机

集线器由于其共享介质传输、单工数据操作和广播数据发送方式等先天决定了其很难满足用户的速度和性能要求。交换机是集线器的升级换代产品，外观上与集线器类似，都是带有多个端口的长方形盒状体。交换机是按照通信两端传输信息的需要，用人工或设备自动完成的方法把要传输的信息送到符合要求的相应路由的技术统称。

交换机与集线器的区别主要体现在如下几个方面。

① 在 OSI/RM 中的工作层次不同。集线器同时工作在第一层（物理层）和第二层（数据链路层），而交换机至少工作在第二层。

② 交换机的数据传输方式不同。集线器的数据传输方式是广播方式，而交换机的数据传输是有目的的，数据只对目的节点发送，只是在自己的 MAC 地址表中找不到的情况下第一次使用广播方式发送。

③带宽占用方式不同。在带宽占用方面，集线器的所有端口共享集线器的总带宽，而交换机的每个端口都具有自己的带宽，实际上交换机每个端口的带宽比集线器端口可用带宽要高许多，其传输速度比集线器要快得多。

（5）路由器

路由器是在网络层上实现异构型局域网或实现 LAN 等 WAN（广域网）的连接，如图 2-51 所示。它比网桥更智能化，其功能涉及物理层，数据链路层和网络层，它通常都包括了网桥的功能，也用于互联同构型 LAN，路由器的功能如下。

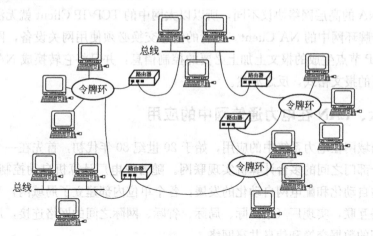

图 2-51　互联网中的路由器

① "拆包和打包" 功能，路由器在接收到任何一种数据包之后，都要做下述处理：拆去数据链路层所加上的控制信息；根据网络层所加上的控制信息做相应处理。如查看控制信息中的目标地址，为该数据包选择一条最佳传输路由；加上数据链路层应有的控制信息，恢复为原有的数据包。

② 路由选择功能。就是按某种策略为所收到的数据包选择一条最佳传输路由。

③ 协议转换。实现不同网络之间协议的转换以达到网络互联的目的。

④ 分段及重新组装。可以将发送的数据包分成若干小段，分别封装成小数据包发往目标节点所在网络；反之，若收到的数据包较小，则在一定条

件下将小数据包按序号组装成一个大包后传送，以提高传输效率。

(6) 网关

网关是一个含义广泛的术语，可以工作在 OSI 模型的所有七层中，它实际上是一个协议转换器，不同机种、不同操作系统的网络之间，即协议不相容的网络互联时通常使用网关来实现。它负责将协议进行转换并且保留原有功能，将数据重新分组，以便在两个不同协议的网络之间通信。网关设备比路由器复杂，当异构局域网连接时，网关除具有路由器的全部功能外，还要考虑因操作系统差异而引发的不同协议间的转换，这些功能均由网关软件来实现。图 2-52 表示一个以太网上的 TCP/IP 节点要与令牌网上的 NA 节点之间进行通信，由于 TCP/IP 与 NA 的高层网络协议不同，所以以太网中的 TCP/IP Client 就无法直接访问令牌环网中的 NA Client。两者的信息交换必须使用网关设备，网关在 TCP/IP 节点生成的报文上加上必要的控制信息，并且将它转换成 NA 节点所需要的报文格式，反之亦然。

图 2-52　TCP/IP 与 NA 经由网关互联

六、LAN 在电力通信网中的应用

局域网在电力系统中的应用，始于 20 世纪 80 年代初，首先在一个公司的多个部门之间的多台计算机实现联网。随着发电厂计算机自动控制技术、变电站自动化和配电网自动化的发展，各个单位内部建立了局域网，又可通过网络互联，实现厂（站）际、局际、省际、网际之间的网络连接，形成地域广阔的数据交换和信息共享网络。

① 在变电站中的 LAN。在变电站中电气设备运行数据的采集实现了数字化和继电保护实现微机化后，建立局部网络后，由于大都采用双重冗余结构，可使实时数据的可靠性得到保证，同时计算机和数据资源得以共享。例如各个继电保护之间的配合。变电站中的 LAN 呈星形，分散于各处的数据采集及控制装置与集中器连接，然后接入中央控制单元。从数据可靠性出发，一个终端故障，不影响其他终端的正常工作，同时也可简化线路。变电站内的通信信道可采用光纤，通信距离短，采用直接的数字通信。运用光纤的隔离作用，可防浪涌电压和减少电磁干扰。通过远动计算机装置，与调度之间实现远动通信与控制。

② 发电厂中的 LAN。发电厂中的设备种类较多，如有电气系统、热力

系统、水系统、燃料系统等。出于分类控制和集中控制的要求，根据不同的情况和需要，有各种不同类型的 LAN。有的采用分层结构，例如管理计算机与控制计算机之间用大容量的主干 LAN 系统，而控制计算机与控制装置之间用中小型的监视控制 LAN，并且这些监视控制 LAN 的形式可以不相同。由于采用分层结构，发电厂中的 LAN 的拓扑结构一般采用总线或环形/令牌结构。

③ 调度所、供电所的 LAN。调度所、供电所的 LAN 的特点是数据量大、联系对象多。因此应因地制宜地采用合适的系统结构，例如树形、星形、总线或环形/令牌。传输介质可用光纤、同轴电缆、双绞线等。

第七节　现场总线的应用

一、现场总线简介

现场总线是应用在生产现场，在微机化测量控制设备之间实现双向串行多节点数字通信的系统，也被称为开放式、数字化、多点通信的底层控制网络。它在制造业、流程工业，特别在变电站的分层分布式综合自动化系统中具有广泛的应用前景。

现场总线技术将专用微处理器置入传统的测量控制仪表，使它们各自都具有了数字计算和数字通信能力，采用可进行简单连接的双绞线等作为总线，把多个测量控制仪表连接成的网络系统，并按公开、规范的通信协议，在位于现场的多个微机化测量控制设备之间以及现场仪表与远程计算机之间，实现数据传输与信息交换，形成各种适应实际需要的自动控制系统。简而言之，它把单个分散的测量控制设备变成网络节点，以现场总线为纽带，把它们连接成可以相互沟通信息、共同完成自控任务的网络系统与控制系统。它给自动化领域带来的变化，正如众多分散的计算机被网络连接在一起，使计算机的功能、作用发生变化。现场总线则使自控系统和设备具有了通信能力，把它们连接成网络系统，加入到信息网络的行列。因此把现场总线技术说成是一个控制技术新时代的开端并不过分。

二、现场总线系统的技术特点

① 系统的开放性。开放是指对相关标准的一致性、公开性，强调对标准的共识与遵从。一个开放系统，是指它可以与世界上任何地方遵守相同标准的其他设备或系统连接。通信需要一致公开，各不同厂家的设备之间可以

实现信息交换。

② 互可操作性与互用性。互可操作性是指实现互联设备间、系统间的信息传送与沟通，而互用则意味着不同生产厂家的性能类似的设备可实现相互替换。

③ 现场设备的智能化与功能自治性。它将传感测量、补偿计算、工程量处理与控制等功能分散到现场设备中完成，仅靠现场设备即可完成自动控制的基本功能，并可随时诊断设备的运行状态。

④ 系统结构的高度分散性。现场总线已构成一种新的全分散性控制系统的体系结构。从根本上改变了现有 DCS 集中与分散相结合的集散控制系统体系，简化了系统结构，提高了可靠性。

⑤ 对现场环境的适应性。工作在生产现场前端，作为工厂网络底层的现场总线，是专为现场环境而设计的，可支持双绞线、同轴电缆、光缆、射频、红外线、电力线等，具有较强的抗干扰能力，能采用两线制实现供电与通信，并可满足本质安全防爆要求等。

几种有影响的现场总线有：基金会现场总线（FF，Foundation Fieldbus），是现场总线基金会在 1994 年 9 月开发出的国际上统一的总线协议；Lonworks 现场总线，是美国 Echelon 公司推出并由它与摩托罗拉、东芝公司共同倡导，于 1990 年正式公布而形成的。CAN 总线（Control Area Network）是控制局域网络的简称，最早由德国 BOSCH 公司推出的。下面以 Lonworks 现场总线为例，来说明在变电站综合自动化系统中的具体应用。

三、Lonworks 总线的通信网络（局部操作网络）

Lonworks 技术为设计和实现可互操作的通信网络提供了一套完整、开放、成品化的解决途径。CSC-2000 型变电站综合自动化系统就是采用 Lonworks 网络的总线型分散分布式实例。采用 Lonworks 网络的通信系统如图 2-53 所示。

1. 变电站层、主站通信功能

由图 2-53 可知，它只分为两层：变电站层和间隔层，Lonworks 网络取消了通信管理层。变电站层有三个主站并相互独立，提高了系统的冗余度。主站 1 主管系统监控，它有一个监控总线网卡与 Lonworks1（监控总线）和 Lonworks2（录波总线）监控总线连接，还通过 RS-232 接口连接人机界面的 PC 机，用作后台监控。主站 2 也设置一个监控总线网卡主管远动传送接收信息，通过 MODEM 将监控信息传送给调度中心。工程师站具有两个网卡，分别监控总线和录波总线。接监控总线的 PC 机具有监视系统功

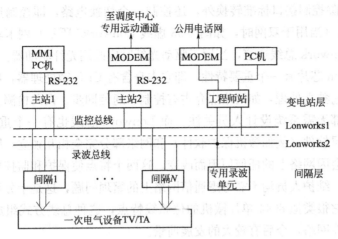

图 2-53 采用 Lonworks 网络的通信系统

能，但不能作控制操作；接录波总线的网卡，将各间隔变化（或专用录波装置）的录波数据。从 Lonworks 总线形式变换为 RS-232 串行接口形式，通过 MODEM 和电话通信网传向具有电话通信功能的远方另一端，因此该主站微机系统具有录波数据远方通信功能。

2. 主站总线网卡原理

主站总线网卡 CSM-100 硬件结构如图 2-54 所示。这是一个由 CPU 控制的主站微机系统，它与通信管理芯片 Neuron 并行连接。

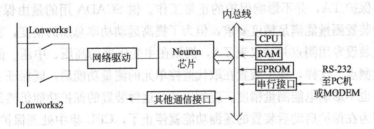

图 2-54 采用 Neuron 芯片的主机通信网卡结构

主机通信网卡实质上是一种智能接口转换器。它将 Lonwork 总线接口标准转换成 RS-232 串行接口标准，以实现保护与监控后台机或调度的通信。Neuron 芯片主要是用作与 Lonwork 总线接口通信用，在网卡的内总线上还可以接有其他通信接口，如专门光纤接口、微波或光纤通信系统的 PCM 接口等。在接口标准转换过程中，传送的数据与信息被暂时存放在 RAM 芯片内。因此在网卡内存设置了一个实时数据库，存放全站各测点的模拟量和状态量，一方面可供就地监控后台机通信使用，另一方面供其他控制功能使用。

CPU 除控制接口标准转换外，还控制一个切换电路，即控制连接至网 I 或网 II 。（当用于双网时，如图 2-53 虚线 Lonwork2 所示）网卡驱动器用于驱动 Lonwork 总线通道，当用于驱动光纤时应改用光纤驱动器。

Neuron 芯片有一个重要特性，即它本身含有 CPU 微处理器，所有通信事务均由它独立处理，如网络媒介占有控制、通信同步、误码检测、优先级控制等全部无需系统设计人员关注。而 Lonwork 总线也有一个重要特点，它的应用层软件（例如微机保护软件）和网络部分完全相互独立，因而应用层软件不会因网络上的任何原因而改变。这两个特点使保护和监控单元的设计、使用、维护人员均不需考虑通信网络上的繁琐问题，这是十分重要可贵的特点。它很类似 8044 单片微机的位总线特点，这种总线方式组成的分散分布式监控网络，今后有较大的发展前景。

Lonwork 总线网络在物理上连接十分简单，只要用抗干扰性能较强的双绞线电缆把所有接点连在一起即可。

3. 间隔层保护装置的监控特点

在 CSC-2000 监控系统的间隔层中省略了监控单元的测量功能。由于每一个保护装置都具有测量功能，可在保护不启动时，利用其闲余时间"顺便地"计算电压、电流、有功、无功、频率等，从而由保护单元取代了监控单元的测量功能（监控单元的开关量 I/O 功能是不可取代的）。但是计费用电能表仍然接仪表 TA，所以可以保证计费的正确性，而保护装置的电流量仍然取自保护 TA，并不影响保护的正常工作。供 SCADA 用的量由保护 TA 和保护装置测量能满足精度要求，但为了提高远动功率总加的精度，在某些汇总点装设专用测点并接仪表 TA，例如在主变压器的高压、中压、低压三侧增设测点。这样，保护装置在取代监控单元的测量功能后，既保证了监控功能，也不影响电能测量精度。应指出的是这种装置的保护功能仍然是独立的，因为在保护启动后装置的遥测功能就停止了，CPU 集中处理保护功能，因此保护功能是独立而且可靠。

第三章
微机远动系统

第一节 厂站端远动装置

一、远动装置的功能

电力系统远动系统通常由主站（调度端）、通道和若干子站（厂站端）组成，如图3-1所示。

针对厂站端远动装置，它的主要功能有如下。

① 采集各种微机保护、自动装置信息。装置通过网络方式与保护、测控装置及其他智能装置通信。保护测控装置和电度表等装置的遥信、遥测、遥脉量以及其他通信信息均直接可以送往远动装置。实现对变电站电压、电流、有功功率、无功功率、功率因数、频率的测量，采集直流量并向上级主站传送。

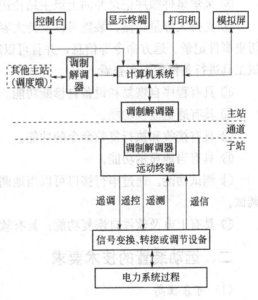

图3-1 远动系统示意图

② 接受、执行主站命令。接受远方主站发送的控制命令及返送校核，并下发给相关装置执行。这些命令包括上装/下装定值、遥控、遥调、循检、信号复位等。

③ 远方命令记录和查询。装置记录所有来自所有控制源的命令，包括遥控选择、遥控执行、遥调、修改定值选择、修改定值执行、信号复归等。所有这些信息可以通过多种查询条件进行检索和查看。

④ 实现与管理远动通信、与集控中心通信。装置承担与调度、集控中心计算机系统通信任务，可以连接多个主站，信息可以根据各个主站的要求进行定制。本装置可以同时用作保护信息子站和远动终端。

⑤ 接收并执行对时命令。通过 GPS 可实现自动对时和统一系统时间。装置可以外接独立的 GPS 装置。所有的 CPU 板的对时精度可以保持高度一致。

⑥ 信息的合成计算。根据用户需要，装置可以将多个采集信息按照一定规则编辑、合成为一个信息，并将这些信息转发到调度、集控站或后台监控系统。这样既降低总信息量，又解决自动判断合理性问题，为用户提供安全的选择机制。

⑦ 网络在线维护和监测。通过此功能调试人员能够方便地维护、修改和监测本装置运行情况，可以监视运行打印信息，监视网络和串口报文、数据库查看、人工置数、文件传输、远程启动等。使得变电站改造或升级更加方便快捷，提高维护和调试效率。

⑧ 采集事件顺序记录并向上级主站传送。

⑨ 支持大容量存储。装置可以支持大容量的存储，用于存储波形文件、历史事件记录、远方命令等信息，并且可以通过上传到调度，也可以通过调试工具进行条件检索和查看。

⑩ 具有程序自恢复和设备自诊断功能。

⑪ 具有通道监视功能。

⑫ 具有接收和执行复归命令的功能。

⑬ 具有当地显示功能。

⑭ 调试功能。通过串行接口可以当地调试，通过以太网络可当地/远方调试。

⑮ 具有上电及软件自恢复功能；具有软、硬件 Watchdog。

二、远动装置的技术要求

(1) 可靠性高

远动装置在电力系统中是作为监控的设备，自然要求它具有高度的可靠性。可靠性包括装置本身的可用性及信息传输可靠性两个主要方面。可用性是指装置正常运行的能力，它是用平均故障间隔时间来衡量。平均故障间隔时间是指远动装置在两个故障间的平均正常工作时间。

远动装置在传输信息过程中，会因为干扰而出现差错，传输可靠性是用信息的差错率来表示的，即差错率＝信息出现差错的数量/传输信息的总数量。

(2) 实时性强

调度所要求电力系统的实时信息，特别是在电力系统故障时要求迅速地获得故障信息，以便及时处理故障。实时常用"传输时延"来衡量，它是指从发送端事件发生到接收端正确地收到该事件信息这一段时间间隔。

三、厂站端的远动装置及发展

1. 厂站端的远动装置的发展

在 20 世纪 60~70 年代，厂站端的远动装置主要使用的是远程终端（RTU，Remote Terminal Unit）。硬件式远动装置主要体现为晶体管或集成电路构成的无触点远动装置 WYZ 或者数字式综合远动型远动装置 SZY，均属于布线逻辑式远动装置，所有功能均由逻辑电路实现，现已经基本淘汰。到了 20 世纪 80 年代后，软件式远动装置主要体现为基于微机原理构成的远动装置（微机远动装置），功能由软件程序实现，具有功能强、可扩充性好、结构简单、稳定可靠等优点，得到普及应用。

远动终端（RTU）是电网调度自动化系统中安装在发电厂、变电站的一种具有四遥远动功能的自动化设备，是远离调度端对变电所现场信息实现检测和控制的装置。RTU 在电网调度自动化系统中具有重要的作用。电网调度自动化系统结构可以描述为：调度端 SCADA/EMS＋远动信道＋厂站端 RTU。

现在发电厂、变电所中还有部分使用 RTU 作为厂站端远动装置，但是随着发电厂、变电所综合自动化的发展和普及，尤其变电站自动化技术的发展，远动装置的性能和形式也在不断更新，它将逐渐被综合自动化系统归并。当厂站端实现综合自动化后，由于是智能化装置，因此它不仅取代了所有变送器，省去了控制电缆，还有控制保护、故障录波、事件顺序记录、极值记录、远动等多种功能。取代了变送器、RTU 全部仪表、继电保护、远动、故障录波、事件记录等大量常规设备，具有极高的性能价格比。所以厂站端就不存在独立的 RTU 装置了，RTU 只是厂站端综合自动化的一个模块。

近些年，随着网络技术的发展，变电站自动化技术从集中式向分布式发展，变电站二次设备不再出现常规功能装置重复的 I/O 现场接口，能够通过网络真正实现数据共享、资源共享，常规的功能装置变成了逻辑的功能模块。以太网技术正被广泛引入变电站自动化系统过程层的采集、测量单元和间隔层保护、控制单元中，构成基于网络控制的分布式变电站自动化系统，系统的通信具有实时性、优先级、通信效率高等特点。所以厂站端的远动装置功能逐渐利用网络技术，通过逻辑的功能模块来实现，是远动装置的发展方向。

下边分别说明这些远动装置的形式。

2. 远方终端装置（RTU）

（1）远方终端装置的信息

在 RTU 中，信息可以分为两大类。

① 上行信息。这类信息包括遥测量，如有功功率、无功功率、电流、电压、频率等信息，以及模拟量越限（如电流量超越上限，电压量超越下限等）时，RTU 发送到调度中心的相应信息。遥信量信息包括断路器、隔离开关的位置信息以及继电保护装置的动作情况等一些状态量信息。由 RTU 发往调度中心的信息，称为上行信息。

② 下行信息。调度中心为了改变发电厂和变电站的运行方式，通过调度自动化系统进行频率、有功功率和无功功率的调节，必须下达控制和调节的命令。这种命令是自上而下发出的，故称为下行信息。下行信息主要包括下述几种。

a. 校时信息。实现整个系统时钟的统一。

b. 查询信息。例如，要求 RTU 无条件地送一遍全部数据，选测某些遥测量，检查某些断路器的运行状态等。

c. 遥控命令。下达的断路器分、合闸命令。

d. 遥调命令。设置保护定值信息，设置主变压器分头位置命令等。

（2）远方终端装置的基本功能

对于 RTU 的基本功能。RTU 没有规定一个完整的功能目录，可以根据实际的现场需要添加各种各样的功能，但必须至少具有以下四种功能。

① 实时数据的采集、预处理和上传数据。RUT 的基本功能就是独立完成数据采集工作，将现场信息转换部分送来的信息，包括对遥测 YC、遥信 YX 量进行采集、滤波、整理和存储，有些量还要进行一定的系数处理，然后按照一定的规约，将数据整理发送到调度端。

② 对事故和事件信息进行优先传送。该功能加强了调度自动化系统在电网监视过程中对突发事件的快速反应能力。也就是说，不管 RTU 当前正在处理什么工作，只要一旦发现系统有事故或事件发生，就应立即停止现行工作，把事故或事件信息迅速发送到调度端。

③ 接收调度端下发的命令并执行命令。该功能是调度自动化系统提供给电网管理的又一技术措施。它主要是能够接收遥控操作命令，并执行命令；另外，还能接收调度端下发的各种召唤命令、对时命令、复归命令等，对有些命令的执行还要将执行结果汇报给调度端。例如，断路器的分、合闸；无功补偿设备的投入和切除，进行有功、无功的调节，有载调压等

操作。

④ 本地功能。RTU 还要能够处理由键盘或其他装置发送的人机对话信息，如通过本机键盘进行 YC、YX 量的观察，RTU 运行模式的设置，遥控 YK、遥调 YT 的操作等。

（3）远方终端装置的硬件结构

自厂站端远动终端微机化以来，其结构发生明显变化。早期的微机化远动终端多为单 CPU，即所有的数据处理由一个 CPU 完成，各种功能的扩展（如遥信采集、遥测采集）通过输入/输出口实现。随着电力系统生产管理现代化的进程不断加快，要求实现厂站自动化，厂站需要监控的信息量不断增大，实时性要求不断提高，因此单 CPU 的远动终端受到了扩展能力、数据处理能力、实时性、设置的灵活性等诸多的限制。由于计算机工业的飞速发展，使得各类器件的性能价格比不断提高，为远动终端采用多 CPU 工作方式提供了必要的物质基础。

当然，不论是单 CPU 的还是多 CPU 的远动终端，其所要完成的功能都是一致的。远动终端除要完成"四遥"（遥信、遥测、遥控、遥调）功能以外，还应完成电能（脉冲量）采集、远程通信、当地功能（键盘输入、显示输出）等。远动终端的硬件结构通常是按 RTU 所需完成的功能进行设计，框图如图 3-2 所示。图中，RTU 的硬件结构主要由七大部分组

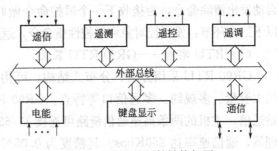

图 3-2　RTU 的硬件结构框图

成：遥信、遥测、遥控、遥调、电能、键盘显示和通信。各部分均可带有 CPU，组成特定功能的智能模板。每一种功能模板所处理的信息量是一定的，当信息量较大时可用多块功能模板。各模板之间的数据交换是通过外部总线完成，外部总线可以是并行总线，也可以是串行总线。

主机是远动装置的核心，犹如一个人的大脑，它分析和处理各方面采集过来的信息，把它们组合成一定的格式向主站发送，并且接收、解释和执行主站发出的命令。主机处理遥测模块 A/D 转换的数据，并把它存入内存。如有遥信变位，则主机接收到遥信中断信号，用软件计算出变位的序号，更新内存中的遥信状态存储。主机接到调度下达的遥控、遥调命令后，解释出来送到各功能板执行命令。一般地，主机采用内部总线和外部总线相结合的方式，从而保证可扩性，二者由硬件实现切换；ROM 和 RAM 保证提供程

序模块；采用可编程通信接口；采用中断控制器扩充中断申请级；设计统一的中断管理程序，用软件手段提供程序中断申请，它们具有与硬件中断一样的排队、识别、屏蔽等特点；采用定时器提供工作时钟；通过并行口实现对数字量的输入与输出控制。

遥测模块在电力系统远动中，需要遥测多路模拟量。多路模拟开关对各模拟量进行一个一个的采样，采样值经 A/D 转换后变成数字量，然后送入并行接口供 CPU 进行处理。

遥信模块由遥信量输入回路、光电耦合器件、译码电路以及外围电路组成。通过遥信量输入回路把一些位置信号的情况反映给 CPU，使其确定开关是在"1"状态还是在"0"状态。

遥控模块对于自动化系统来说是一个重要的操作，因此要求具有高度的可靠性。遥控的操作过程如下：调度端先向执行端发出遥控对象和遥控性质的命令，执行端收到并经 CPU 处理以后向调度端发出校核信号。调度端收到执行端发来的校核信号后，与下发的命令进行比较，在校核无误的情况下，再发出执行命令。执行端收到命令后，完成遥控操作，经过一定的延时后，自动发出清除命令，为接收下一个遥控命令做好准备。可见，遥控操作包括以下三个环节：发遥控对象和遥控性质命令，返送校核命令，发执行命令。

（4）RTU 实例——GR90 RTU 装置

GR90 RTU 采用分层、分布式结构，可构成独立的分站控制机，具有超大容量、多规约、多通信口等特点。GR90 RTU 可用不同规约与不同主站通信，主机的两条高速通信链路可连接 31/63 块 I/O 板，每块板有独立处理器，通信速率达 250Kbps。其精度为 0.05%，SOE 分辨率 1ms，不受点数影响；GR90 主要功能为状态输入、报警输入、脉冲累积输入、事件顺序记录（SOE）、模拟量输入/输出、开关控制输出和可编程控制（PLC），可以完成诸如自动发电控制（AGC）、变压器分接头调整、泵站阀门调节等特殊应用功能。

功能特点如下。

① GR90 主 CPU 模块（GR90M）每一模块包括一个功能强大的 32 位微处理机以及在 VME 板上的支持电路。主 CPU 包括一个 GR90 M 逻辑板、一个 GR90 M 串口接线板及一个维护诊断通信口。有两条高速通信链路连接 I/O 板、7 个串口连接各种 IED。

② GR90 A 是 GR90 的模拟量输入模板，它是由 GR90 A 接线端子板和 GR90 A 逻辑板组成。直流模拟量输入模块（GR90A 32AI）每一模块由一个专用的 68MC11 CPU 连续不断地扫描所有 32 个变送器点的输入。模拟量

值经过缓冲送入主 CPU 模块。

③ 控制输出是由 GR90 K 控制输出模块来完成的。控制输出模块（GR90 K 32DO）每一模块由 68HC11 微处理器管理，具有 32 路控制输出，多种输出模式，如开/合、升/降、定时/锁存输出等，每个输出可选用切换接点或开接点，并都采用光电隔离。

④ 收集处理及向上报告各种开关接点信息是由 GR90 状态输入板 GR90 S 来完成的，每个 GR90 S 板包括一个 8 位 CPU 芯片，它可接入 64 个状态量输入，所有数字量输入都是光电隔离，并分成 8 个一组，每组共用一个公共端或者一外接输入电源。板上 CPU 每毫秒对所有点扫描一次。每一个点可分别组态，构成状态输入点、BCD 码、事件顺序记录和脉冲计数器。

⑤ GR90 C 组合输入/输出模块，在同一板上组合了状态输入（DI），控制输出（DO）以及可选用的模拟量输入（AI）/输出（AO）、I/O 信息。GR90 C 板的构思是为了解决其 I/O 点很少或者具有 AO 输出时使用，一个 GR90 C 完成了所有类似 GR90 A、GR90 S、GR90 K I/O 模块的功能，其技术和基本功能与 GR90 I/O 模块一致，所不同的只是点数要少一些，为了满足处理能力日益增加的需要，GR90 C 具有更快的时钟。

3. 厂站端的自动化系统

变电站综合自动化可以描述为：将变电站的二次设备（包括测量仪表、信号系统、继电保护、自动装置和远动装置等）经过功能的组合和优化设计，利用先进的计算机技术、现代电子技术、通信技术和信号处理技术，实现对全变电站的主要设备和输、配电线路的自动监视、测量、自动控制和微机保护，以及与调度通信等综合性的自动化功能的设备。在国内，我们也可以说是包含传统的自动化监控系统、继电保护、自动装置等设备，是集保护、测量、监视、控制、远传等功能为一体，通过数字通信及网络技术来实现信息共享的一套微机化的二次设备及系统。

可以说，变电站自动化系统就是由基于微电子技术的智能电子装置 IED（Intelligent Electronic Device）和后台控制系统所组成的变电站运行控制系统，包括监控、保护、电能质量自动控制等多个子系统。在各子系统中往往又由多个 IED 组成，例如：在微机保护子系统中包含各种线路保护、变压器保护、电容器保护、母线保护等。这里提到的智能电子装置 IED，可以描述为"由一个或多个处理器组成，具有从外部源接收和传送数据或控制外部源的任何设备，即电子多功能仪表、微机保护、控制器，在特定环境下在接口所限定范围内能够执行一个或多个逻辑接点任务的实体"。

变电站综合自动化系统的结构主要由站控层（也称变电站层）与间隔层

两个基本部分构成，并用分层分布、开放式网络实现系统连接。站控层为全站设备监视、测量、控制和管理的中心，站控层与间隔层可通过光缆或双绞线与间隔层直接连接，也可通过前置设备连接。间隔层按照不同的电压等级和电气间隔单元，以相对独立的方式分散在各个继电器小室中，能独立完成间隔层设备的就地监控功能。其基本架构如图3-3所示。其中，站控层包括主机、操作员工作站、远动工作站。工程师工作站、GPS对时装置及站控层网络设备等设备，形成全站监控、管理中心。能提供站内运行人机界面，实现间隔层设备的管理控制等功能，并可通过远动工作站和数据网与调度通信中心通信。

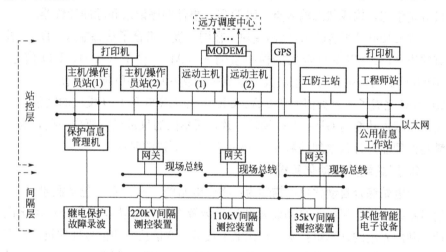

图 3-3 分层分布式综合自动化系统基本架构

间隔层由工控网络/计算机网络连接的测控装置、通信接口单元及间隔层网络设备等若干个监控子系统组成。各个监控子系统具有独立运行能力，即应具有一定的数据处理、逻辑判断、安全检测等功能，其设置数量依变电站规模而定，且在站控层或网络失效时，仍能独立完成对间隔设备的就地监控。

站控层设备主要包括主机、操作员站、工程师站、远动通信设备、与电能量计费系统的接口以及公用接口等，其通常安放在主控室和主控楼机房。

① 主机。主机具有主处理器及服务器的功能，为站控层数据收集、处理、存储及发送的中心，同时主机也可兼作操作员工作站。

② 操作员工作站。操作员工作站是站内综合自动化系统的主要人机界面，用于图形及报表显示、事件记录、报警状态显示和查询、设备状态和参数的查询、操作指导、操作控制命令的解释和下达等。通过操作员站，运行

人员能实现对全站电气设备的运行监测和操作控制。

③ 远动工作站。远动工作站具有远动数据处理及通信功能，远动信息可通过以太网和远动工作站传送至远方各级调度部门；也可直采直送，即直接接收来自间隔层测控装置数据，进行必要处理，按照调度端所要求的远动通信规约，完成与调度端的数据交换。

④ 工程师工作站。工程师工作站主要供综合自动化系统维护管理员进行系统维护使用，可完成数据库的定义和修改，系统参数的定义和修改，报表的制作和修改，以及网络维护、系统诊断等工作。

⑤ GPS 对时系统。全站设置卫星时钟同步系统，接收全球卫星定位系统 GPS 的标准授时信号，对站内综合自动化系统和继电保护装置等有关设备的时钟进行校正，保证全站时钟的一致性。

间隔层设备主要包括测控装置、间隔层网络、与站控层网络的接口和继电保护通信接口装置等。间隔层设备直接采集和处理现场的原始数据，通过网络传送给站级计算机，同时接收站控层发出的控制操作命令，经过有效性判断、闭锁检测和同步检测后，实现对设备的操作控制。间隔层也可独立完成对断路器和隔离开关的控制操作。间隔层设备通常安装在各继电器小室，测控装置按电气设备间隔配置，各测控装置相对独立，通过通信网互联。

网络设备包括站控层网络设备和间隔层网络设备，通常由网络集线器、交换机、光/电转换器、接口设备和传输介质等组成。

站控层网络设备主要有集线器或网络交换等设备，负责站控层设备间以及站控层与间隔层网络设备间的通信功能。

间隔层网络设备通常由集线器或网络交换设备等组成，实现间隔层设备与站控层网络设备及间隔层设备之间的通信。

网络传输介质可采用屏蔽双绞线、同轴电缆、光缆或以上几种方式的组合。

分层分布式变电站综合自动化系统的信息上传流程为：反映电网运行状态的各个电气量、非电气量通过不同的变换器或传感器转换成一定幅值范围内的模拟电信号；模拟量通过测控装置的 A/D 变换电路转换为数字信号，状态量通过开入量采集电路变换成数字信号，测控装置将获取的数字量进行编码并以一定的通信协议传送到站控层的通信网络；通过站内通信网络实现间隔层设备与站控层设备信息共享，通过远动工作站和专用远动通道向远方控制中心及调度中心传输信息。信号下传则按相反的流程传输，控制命令的执行通过测控装置的开出单元输出，作用到对应设备的控制回路。

变电站综合自动化的通信功能包括系统内部的现场级间的通信和自动化

系统与上级调度的通信两部分。

① 综合自动化系统的现场级通信，主要解决自动化系统内部各子系统与上位机（监控主机）和各子系统间的数据和信息交换问题，它们的通信范围是变电站内部。对于集中组屏的综合自动化系统来说，实际是在主控室内部；对于分散安装的自动化系统来说，其通信范围扩大至主控室与子系统的安装地，最大的可能是开关柜间，即通信距离加长了。

② 综合自动化系统必须兼有 RTU 的全部功能，应该能够将所采集的模拟量和状态量信息，以及事件顺序记录等远传至调度端；同时应该能够接收调度端下达的各种操作、控制、修改定值等命令。即完成新型 RTU 等全部四遥功能。

综合自动化系统前置机或通信控制机具有执行远动功能，会把变电站内所相关信息传送控制中心，同时能接收上级调度数据和控制命令。变电站向控制中心传送的信息通常称为"上行信息"；而由控制中心向变电站发送的信息，常称为"下行信息"。这些信息是变电站和控制中心共用的，不必专门为送控制中心而单独采集。这些信息可按"四遥"功能划分，主要包括如下。

(1) 遥测信息

变电站遥测信息很多，主要包括下列部分：

① 三绕组变压器两侧有功功率、有功电能、电流及第三侧电流，二绕组变压器一侧的有功功率、有功电能、电流。

② 35kV 及以上线路及旁路断路器的有功功率（或电流）及有功电能量；35kV 以上联络线的双向有功电能量，必要时测无功功率。

③ 各级母线电压（小电流接地系统应测 3 个相电压，而大电流接地系统只测 1 个相电压）；所用变压器低压侧电压；直流母线电压。

④ 10kV 线路电流；母线分段、母联断路器电流；并联补偿装置的三相电流；消弧线圈电流。

⑤ 用遥测处理的主变压器有载调节的分接头位置。计量分界点的变压器增测无功功率。

⑥ 主变压器温度；保护设备的室温。

(2) 遥信信息

① 所有断路器位置信号；断路器控制回路断线总信号；断路器操作机构故障总信号。

② 35kV 及以上线路及旁路主保护信号和重合闸动作信号；母线保护动作信号；主变压器保护动作信号；轻瓦斯动作信号；距离保护闭锁总信号；

高频保护收信信号。

③ 调节主变压器分接头的位置信号；反映运行方式的隔离开关位置信号。

④ 电站事故总信号；变压器冷却系统故障信号；继电保护、故障录波装置故障总信号；直流系统异常信号；低频减负荷动作信号。

⑤ 小电流接地系统接地信号；变压器油温过高信号；TV 断线信号。

⑥ 继电保护及自动装置电源中断总信号；遥控操作电源消失信号；远动及自动装置用 UPS 交流电源消失信号；通信系统电源中断信号。

（3）遥控信息

① 变电站全部断路器及能遥控的隔离开关。

② 可进行电控的主变压器中性点接地刀闸。

③ 高频自发信启动。

④ 距离保护闭锁复归。

（4）遥调信息

① 有载调压主变压器分接头位置调节。

② 消弧线圈抽头位置调节。

以上列出的内容为变电站远传的基本信息。在实施过程中，需根据具体变电站的实际情况进行增减。

4. 厂站端的网络化数据通信系统

随着网络技术在电力系统的应用。厂站端的二次设备发生了根本性变革。数字化变电站中以非常规互感器代替了常规继电保护装置、测控等装置的 I/O 部分；以交换式以太网和光缆组成的网络通信系统替代了以往的二次连接电缆和回路；基于微电子技术的 IED 设备实现了信息的集成化应用，以功能、信息的冗余替代了常规变电站装置的冗余，系统可实现分层分布设计；智能化一次设备技术的实现使得控制回路实现了数字化应用，常规变电站部分控制功能可以直接下放，整个变电站可实现小型化、紧凑化的设计与布置。

从物理上看，数字式变电站仍然是一次设备和二次设备（包括保护、测控、监控和通信设备等）两个层面。由于一次设备的智能化以及二次设备的网络化，数字式变电站一次设备和二次设备之间的结合更加紧密。从逻辑上看，数字式变电站各层次内部及层次之间采用高速网络通信，三个层次关系如图 3-4 所示。

从图 3-4 可以看出，数字化变电站自动化系统在逻辑结构上分为三个层次，这三个层次分别称为变电站层、间隔层、过程层。

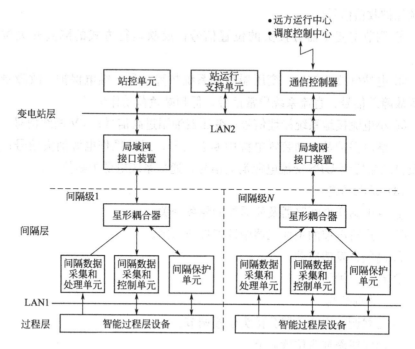

图 3-4　数字化变电站的架构体系

过程层是一次设备与二次设备的结合面，或者说过程层是指智能化电气设备的智能化部分。过程层的主要功能分如下三类。

① 实时运行电气量检测。主要是电流、电压、相位以及谐波分量的检测，其他电气量如有功。采集传统模拟量被直接采集数字量所取代。

② 运行设备状态检测。变电站需要进行状态参数检测的设备主要有变压器、断路器、隔离开关、母线、电容器、电抗器以及直流电源系统等。在线检测的内容主要有温度、压力、密度、绝缘、机械特性以及工作状态等数据。

③ 操作控制命令执行。操作控制命令的执行包括变压器分接头调节控制、电容、电抗器投切控制、断路器、隔离开关合分控制以及直流电源充放电控制等。

间隔层的主要功能是：

① 汇总本间隔过程层实时数据信息；

② 实施对一次设备的保护控制功能；

③ 实施本间隔操作闭锁功能；

④ 实施操作同期及其他控制功能；

⑤ 对数据采集、统计运算及控制命令的发出具有优先级别控制；

⑥ 执行数据的承上启下通信传输功能，同时高速完成与过程层及变电站层的网络通信功能，上下网络接口具备双口全双工方式以提高信息通道的冗余度，保证网络通信的可靠性。

变电站层的主要任务是：

① 通过两级高速网络汇总全站的实时数据信息，不断刷新实时数据库，按时登录历史数据库；

② 将有关数据信息送往电网调度或控制中心；

③ 接收电网调度或控制中心有关控制命令并转间隔层、过程层执行；

④ 具有在线可编程的全站操作闭锁控制功能；

⑤ 具有（或备有）站内当地监控、人机联系功能，如显示、操作、打印、报警等功能以及图像、声音等多媒体功能；

⑥ 具有对间隔层、过程层设备的在线维护、在线组态、在线修改参数等功能。

通信网络作为实现变电站自动化系统内部各种 IED，以及与其他系统之间的实时信息交换的功能载体，它是连接站内各种 IED 的纽带，能满足通信网络标准化。数字化变电站内设备之间连接全部采用高速的网络通信，二次设备不再出现常规功能装置重复的 I/O 现场接口，通过网络真正实现数据共享、资源共享，常规的功能装置变成了逻辑的功能模块。

第二节　遥信量的采集和处理

电力系统中的厂站端的参数、状态、调度所的操作、调整等命令都是"信息"。远动装置远距离传送这种信息，以实现遥测、遥信、遥控、遥调等功能。图 3-5 给出了远动装置遥测、遥信原理框图。

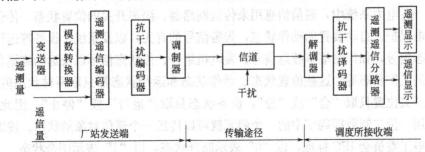

图 3-5　遥测、遥信原理框图

被监控的厂站端要将遥测、遥信量送到调度去显示或记录。遥测量经过变送器后，通常变成 5V 直流模拟电压，输入模数转换器。模数转换器将输入的模拟电压转换成数字量，再送给遥测、遥信编码器，编码器将输入的并行数码变成在时间上依次顺序排列的串行数字信号，而遥信是开关量，可以直接输入编码器。

对遥信信息，发送端把多个遥信对象编成一组，每个对象的状态用一位二进制数，即一位码元表示。为此，需要对遥信对象的状态进行采集编码，方能形成遥信码字。接收端将收到的遥信信息通过灯光或其他方式进行显示，使调度人员能直接观察到遥信对象的状态，从而实现远方监视。

在远动系统中传送的信号，在传输过程中会受到各种干扰，可能使信号发生差错，为了提高传输的可靠性，对遥测、遥信的数字信息要进行抗干扰编码，以减小由于干扰而引起的差错。由于数字信号一般不适宜直接传输，所以要用调制器把数字信号变成适合于传输的信号。例如把数字信号变成正弦信号传输，这样厂站端就把调制后的遥测、遥信信号发送出去，送到调度端。接收端首先用解调器把正弦信号还原成原来的数字信号，再由抗干扰译码器进行检错，检查信号在信道上传输时因干扰的影响发生错码。检查出错就放弃不用，检查正确的经规约转换成后台数据显示。

对于遥控、遥调，调度是发送端，厂站是接收端。遥控、遥调命令的传送原理和上述相同，遥控、遥调命令经命令编码器编成串行的数码，送到抗干扰编码器、调制器后发送出去。接收经解调器和抗干扰译码后，送给命令寄存器，以输出执行。本节主要描述遥信的采集和处理问题。

一、遥信信息及来源

遥信信息是二元状态量，即是说对于每一个遥信对象而言它有两种状态，两种状态为"非"的关系。因此一个遥信对象正好可以对应计算机中二进制码的一位，"0"状态与"1"状态。

在电力系统中，遥信信息用来传送断路器、隔离开关的位置状态，传送继电保护、自动装置的动作状态，告警信号的有无，以及系统、设备等运行状态信号，如厂站端事故总信号，发电机组开、停状态信号以及远动终端自身的工作状态等。这些位置状态、动作状态和运行状态都只取两种状态值。如开关位置只取"合"或"分"，设备状态只取"运行"或"停止"。因此，可用一位二制数即码字中的一个码元就可以传送一个遥信对象的状态。按国际电工委员会 IEC 标准，以"0"表示断开状态，以"1"表示闭合状态。

① 断路器状态信息的采集。断路器的合闸、分闸位置状态决定着电力线路的接通和断开，断路器状态是电网调度自动化的重要遥信信息，断路器的位置信号通过其辅助触点引出，断路器触点是在断路器的操动机构中与断

路器的传动轴联动的，所以，断路器触点位置与断路器位置一一对应。

②继电保护动作状态的采集。采集继电保护动作的状态信息，就是采集继电器的触点状态信息，并记录动作时间，对调度员处理故障及事后的事故分析有很重要的意义。

③事故总信号的采集。发电厂或变电站任一断路器发生事故跳闸，就将启动事故总信号。事故总信号用以区别正常操作与事故跳闸，对调度员监视系统运行十分重要。事故总信号的采集同样是触点位置的采集。

④其他信号的采集。当变电站采用无人值班方式运行后，还要增加大门开关状态等遥信信息。

二、遥信量的采集

由上述分析可见，断路器位置状态、继电保护动作信号以及事故总信号，最终都可以转化为辅助触点或信号继电器触点的位置信号，故只要将触点位置采集进 RTU 就完成了遥信信息的采集。图 3-6 所示就是遥信信息采集的输入电路。

断路器和隔离开关等的位置状态信息都取自它们的辅助触点，辅助触点的开合直接反映出该设备的工作状态。为了防止因辅助触点接触不良而造成差错，这些触点回路中所加的电压一般都比较高，例如直流24V、48V 等。电气设备的辅助触点离远动装置通常比较远，连线较长。为了避免这些连线将干扰等引入远动装置，RTU 与触点回路之间要有隔离措施。

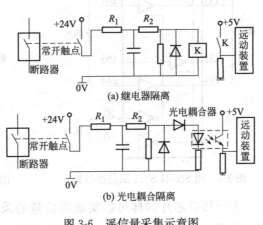

图 3-6　遥信量采集示意图

图 3-6(a) 是用继电器隔离的示意图。断路器在断开状态时其辅助触点使继电器 K 不动作，将低电平"0"信号引入远动装置。断路器为闭合状态时继电器 K 释放，引入远动装置的是高电平"1"信号。

图 3-6(b) 是用光电耦合隔离的示意图。当断路器在断开状态时，其辅助触点没有将光电耦合器的发光二极管回路接通发光，导致光敏三极管发射极输出低电平"0"信号。当断路器为闭合状态时，发光二极管回路通，光敏三极管通，其发射极输出高电平"1"信号。光电耦合器件体积小，具有

较好的抗干扰能力。

三、遥信量的采集电路

经过上述信号处理后，每一遥信对象映射到计算机中正好是二进制代码的一位。大量散乱的遥信对象必须同遥信状态的输入电路的有效组织，才能便于计算机处理。

接收遥信量的输入电路可以采用三态门芯片、并行接口芯片和数字多路开关芯片三类接口芯片实现。

三态门芯片种类很多，有 SN74LS240、SN74LS241、SN74LS244、SN74LS245 等，如图 3-7 所示，以 SN74LS244 为例说明。遥信量接至输入端，输出端可直接挂在 CPU 的数据总线上，选通信号由 CPU 或译码电路提供。当选通信号为低电平时，输出状态跟踪输入状态；当选通信号为高电平时，输出处于高阻状态，输入状态的变化不影响输出。

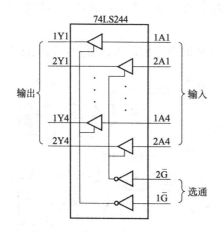
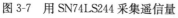

图 3-7　用 SN74LS244 采集遥信量

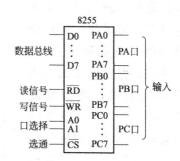

图 3-8　用 Intel8255 采集遥信量

并行接口芯片同样可以实现遥信量的采集，如图 3-8 所示。Intel8255 芯片共有 PA、PB、PC 三个口，每口 8 位，可用软件将这三个口设置为输入方式，能实现 24 路遥信量采集。

四、遥信量变位的检测

电力系统中的断路器的状态平时一般很少变动。如果厂站端重复发送内容不变的遥信数据给调度端就没有多大意义，并且占用了信道和装置的工作时间。但是，一旦电力系统中由于发生故障或其他原因使断路器动作，其状态发生变化，必须及时传向调度端，以利于事故的处理。因此，遥信信息一般可采用无遥信变位时不发送；一旦发生遥信变位，则插入传送的方式。

遥信信息在采集和处理上有不同的方式：检查设备状态是否变位，常采用软件定时扫查和变位触发。在软件扫查方式中，CPU 不断扫查各断路器的状态，如发现有变位就予以处理。在硬件变位触发中断方式中，以专用的硬件对断路器位置状态进行监视，如发现变位就申请中断，由 CPU 进行处理。

1. 定时扫查方式

遥信信息不同于遥测信息，它不是随时随刻都在变化。通常情况下状态是不变化的，而状态的改变往往又是瞬时完成的。因此对遥信量采集时，CPU 定时对开关量扫描，所得数据存入内存的遥信数据区。检查开关量是否变位就是检查开关现在的状态是否和上一次相同。因此 CPU 必须不断地对开关量扫描，将遥信数据读入后，还必须和内存中原有的相应数据进行对比。如两者相同，遥信无变位，则不作处理。如两者不相同，说明有断路器变位，于是就把内存中相应的遥信数据更新，并对变位遥信进行必要的处理。

通常系统对遥信采集有一分辨率的指标，即对同一遥信量的前后两次扫查的时间间隔。根据分辨率可以设定遥信扫查的时间间隔，一般将遥信扫查置于实时时钟中断服务程序中，每一个等时间间隔，如 1~10ms，都要对全部的遥信量进行一次扫查，这样构成的扫查方式为定时扫查方式。

遥信定时扫查模式在每一个定时间隔中都要进行全遥信扫查，如果采集的遥信量大，同时要求分辨率高，则会加重 CPU 的负荷，影响 CPU 对其他中断的响应速度，延长程序的执行时间，降低了实时性。这些问题的解决通常采用智能遥信采集，即用一 CPU 专门负责遥信采集，构成多 CPU 的 RTU 系统结构。如果是单 CPU 结构的 RTU 系统，要有高的遥信分辨率，同时又有整体的实时性，则可以遥信变位触发方式加以实现。

2. 变位触发中断方式

用专用硬件来监视断路器变位，其主要特点是反应快，同时也节省了软件扫查方式中 CPU 用于扫查的时间。当断路器变位时，断路器辅助触点位置发生变化，同时向 CPU 提供相应的断路器跳闸变位信息或申请中断。8279 芯片发现有断路器变位时，就提出中断申请。CPU 响应这一中断申请后，从传感器中读取断路器状态数据，并与内存中遥信数据区所存的内容比较以确定发生变位的断路器，更新内存中遥信数据区的内容，同时记下断路器变位的时间，并对变位遥信作必要的处理。

五、事件顺序记录（SOE）

事件指的是运行设备状态的变化，如开关所处的闭合和断开状态的变化，保护所处的正常或告警状态的变化。电力系统发生事故后运行人员从遥信中能及时了解断路器和继电保护的状态改变情况。为了分析系统事故不仅需要知道断路器和保护的状态，还应掌握其动作的先后顺序及确切的时间。遥信并不附带时间标记。把发生的事件（断路器或保护动作就是一种事件）按先后顺序将有关的内容记录下来，这就是事件顺序记录。事件顺序记录主要用于提供时间标记，表明什么事件在何时发生，因而记录的内容除断路器号及其状态外，还应包括确切的动作时间。

事件顺序记录与遥信变位密切相关。遥信变位采集时如发现有变位遥信就立即进行事件顺序记录，记下当时的时间并进行其他的相应处理，如确定变位的断路器号、更新遥信数据区内容等。变位遥信断路器号、状态及其动作时间等被存入内存中的事件顺序记录区，在适当时间发往调度。

事件顺序记录的时间就是发现遥信变位的时间。以扫查方式采集变位遥信时，对遥信断路器状态按组逐一进行扫查。当扫查到某一组发现有断路器变位时，除记下断路器的序号外，还可立即记下当时的实时时间作为变位的时间标记即事件顺序记录时间，然后继续扫查下一组。这种读取事件顺序记录时间的方法可称为立即记时法。另一种方法是在扫查各组断路器状态时如发现有断路器变位只记下断路器的序号，等各组断路器全部扫查完毕，最终记下结束时的实时时钟值作为事件顺序记录时间，这可称为最终记时法。显然，最终记时法对于在同一次扫查中检测到的断路器变位是使用同一事件顺序记录时间。

事件顺序记录及故障录波按事件性质可分三级：一级为变电站发生事故时断路器变位，继电保护动作或主变压器重瓦斯保护动作，低频保护、备用电源自投装置动作，或变电站事故总信号动作；二级为变电站主变压器出现异常情况记录，如主变压器轻瓦斯保护、有载调压开关瓦斯保护、油温过高、压力释放阀动作及油色谱分析报警，另外小电流接地系统、单相接地或消弧线圈动作等；三级为变电站除变压器异常运行外的预告信号，如断路器控制回路断线或操作机构故障、UPS故障、消防、保卫报警等。

对一级事件应优先传送，事件分辨率要求变电所内小于 5ms，微机保护或监控采集环节要有足够的存储量，以确保当监控系统或调度（控制）中心主站系统通信中断时不丢失事件信息。对小电流接地系统的单相接地，应有区别接地动作和接地消失的功能，并累计接地时间，使 CRT 上能显示单相接地故障的系统极限运行时间。如有单相接地自动选线装置，则应显示接地线路名称及接地时间。

事件分辨率指能正确区分事件发生顺序的最小时间间隔。若每 5ms 调一次遥信扫查子程序，事件分辨率为 5ms，即在前后两次遥信扫查之间变化的遥信均视为同一时刻变化。因此改变遥信扫查的周期，可改变事件分辨率，或者说可根据事件分辨率的要求，确定遥信扫查的周期。站内分辨率和站间分辨率（或系统分辨率）是事件顺序记录的主要技术指标。站内（或站间）分辨率是指站内（或站间）发生的两个事件能被分辨出来的最小时间间隔。规约中要求，站内分辨率应小于 10ms，系统分辨率应小于 20ms。

为了保证系统分辨率，全系统应该参照同一个时间标准，即必须建立全网的统一时钟。一种统一全网时钟的方法是由主站周期性地向各 RTU 发送时钟命令，各 RTU 以主站的实时时钟为标准对本站实时时钟的各计数单元进行修正，达到统一时钟的目的。另一种方法是在主站和各 RTU 处分别配标准时钟信号的接收装置，接收天文台发出的无线电校时信号或 GPS（全球定位系统）提供的标准时钟信号。

六、报警处理

当非正常操作时，断路器变位信号、保护故障动作信号、监控和保护设备异常状态信号以及数据采集的状态量中其他报警和异常信号，都为异常状态报警。

报警方式主要有自动推出画面、报警行、音响提示（语音或可变频率音响如闪光报警，信息操作提示如控制操作超时等）。

七、提高遥信信息可靠性的措施

电网调度自动化对远动系统中遥信采集的可靠性和准确性的要求极高，要求在硬件和软件两个环节加以充分的保证。

在硬件方面首先要保证强电系统和弱电系统的信号隔离，通常采用继电器隔离和光电耦合隔离。两种器件虽然都能达到信号隔离的效果，但输入/输出状态变化的响应时间不同。继电器有几毫秒至几十毫秒的时延，中速光电耦合器只有几个微秒。因此继电器常用于分辨率要求不高的场合，现在远动中基本上都采用光电耦合器作为遥信信号的隔离。

在软件方面不能以一次读取的遥信状态为准，因为一次读取的数据可能正是受到干扰的，或是在遥信状态变化过程中读取的，带有随机性（对于 TTL 电平而言，0～0.8V 为低电平，2～5V 为高电平，0.8～2V 的电平不稳定）。另外辅助接点在闭合和断开时都不同程度产生抖动，因此不能以一次瞬时的状态来表示遥信状态，必须连续多次读取状态，以其每次读取均相同的状态作为遥信状态，这样才能保证遥信信息的正确性和可靠性。

第三节 遥测量的采集和处理

一、遥测信息及其来源

在对电力系统运行状态进行监测过程中，除了要获取前面介绍的遥信信息外，还有一类重要的信息——遥测信息。调度中心必须随时掌握全网的运行情况，以便形成控制电网正常运行的命令。在反映全网运行状态的信息中，遥测量信息是其中的非常重要的部分。遥测信息是表征系统运行状况的连续变化量。遥测量可分为模拟量、数字量和脉冲量三类。

模拟遥测量是指发电厂、变电站的发电机组、调相机组、变压器、母线、输电与配电线路的有功功率、无功功率、潮流和负荷，母线的电压和频率，大容量发电机组的功率角等。数字量是指某些模拟量已经由另外的设备转换成数字量的被测量。例如经微机处理的输入量、水库水位经数字式仪表测得的水位数字量等。脉冲量包括总发电量和厂用电量。联络线交换电能量等电能脉冲，用于累计电度。

厂站端必须将测量到的遥测量及时编码成遥测信息，并按规约向调度中心传送。

二、遥测量的采集

在远动装置中，硬件环节包含有模拟遥测量输入电路，模拟遥测量输入电路的主要作用是隔离、规范输入电压及完成模数变换，以便与 CPU 接口，完成数据采集任务。然后远动装置会将模拟遥测量编码为一组二进制数码输出，远动装置将这组二进制数码进行运算及处理，并编码成遥测信息字，向调度中心发送。

在远动装置的遥测量输入通道中，模数变换是重要的组成部分。模数变换的速度、精度直接关系到遥测信息的处理量和精度。因此，应慎重选择模数变换原理。根据模拟遥测量输入电路中模数变换原理的不同，远动装置中模拟量输入电路有两种方式，一是基于逐次逼近型 A/D 转换方式（ADC），是直接将模拟量转变为数字量的变换方式；二是利用电压/频率变换（VFC）原理进行模数变换方式，它是将模拟量电压先转换为频率脉冲量，通过脉冲计数变换为数字量的一种变换形式。

1. 基于逐次逼近式 A/D 变换的模拟遥测量输入电路

一个模拟量从测控对象的主回路到微机系统的内存，中间要经过多个转换环节和滤波环节。典型的模拟量输入电路的结构框图如图 3-9 所示。主要包括电压形成电路、低通滤波电路、采样保持、多路转换开关及 A/D 变换芯片五部分。下面分别叙述这五部分的工作原理及作用。

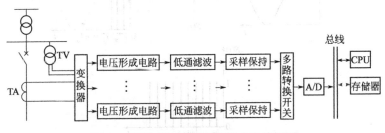

图 3-9　逐次逼近式模拟量输入电路框图

（1）电压形成电路

自动化装置常从电流互感器（TA）和电压互感器（TV）取得信息，但这些互感器的二次侧电流或电压量不能适应模数变换器的输入范围要求，故需对它们进行变换。其典型原理图如图 3-10 所示。

一般采用中间变换器将由一次设备电压互感器二次侧引来的电压进一步降低，将一次设备电流互感器二次

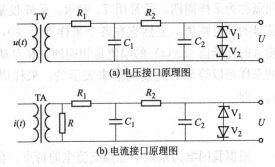

(a) 电压接口原理图

(b) 电流接口原理图

图 3-10　模拟量输入电压变换原理图

侧引来的电流变成交流电压。再经低通滤波器及双向限幅电路将经中间变换器降低或转换后的电压变成后面环节中 A/D 转换芯片所允许的电压。

一般模数转换芯片要求输入信号电压为 ±5V 或 ±10V，由此可以决定上述各种中间变换器的变比。

电压形成电路除了起电量变换作用外，另一个重要作用是将一次设备的电流互感器 TA、电压互感器 TV 的二次回路与微机 A/D 转换系统完全隔离，提高抗干扰能力。图 3-10 电路中的稳压管组成双向限幅，使后面环节的采样保持器、A/D 变换芯片的输入电压限制在峰-峰值 ±10V（或 ±5V）以内。

（2）低通滤波器与采样定理

① 连续时间信号的采样。大家知道，微机处理的都是数字信号，必须

将随时间连续变化的模拟信号变成数字信号，为达到这一目的，首先要对模拟量进行采样。采样是将一个连续的时间信号 $x(t)$ 变成离散的时间信号 $x'(t)$，采样过程可用图 3-11 所示。

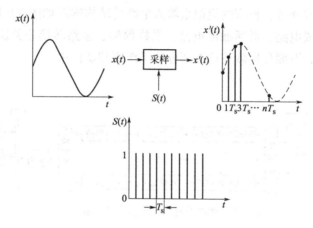

图 3-11　采样过程示意图

采样时间间隔由采样控制脉冲 $s(t)$ 来控制，相邻两个采样时刻的时间间隔称为采样周期，通常用 T_s 表示。采样仅是每隔 T_s 时间就取一次模拟信号的即时幅值，显然它在各个采样点上（0，T_s，$2T_s$，……）的幅值与输入的连续信号 $x(t)$ 的幅值是相同的。在自动化装置中，对电压、电流量的采样是以等采样周期间隔来表示的。采样周期 T_s 的倒数就是采样频率 f_s。即

$$f_s = \frac{1}{T_s}$$

根据我国电力系统中工频交流电的特点，自动化装置常用的采样周期有以下几种。

a. 采样周期为 1ms。因为工频交流电的变化周期为 20ms，所以这种装置在对交流电压、交流电流进行模数变换时，每个工频周期采样 20 次。

b. 采样周期为 5/3ms。这种装置在对交流电压、交流电流进行模数变换时，每个工频周期采样 12 次，每隔 30°采一次样。

c. 采样周期为 5/6ms。这种装置在对交流电压、交流电流进行模数变换时，每个工频周期采样 24 次，每隔 15°采样一次。随着计算机处理速度的不断加快，目前有些装置已达到每个工频周期采样 96 次。

输入模拟信号 $x(t)$ 经过理想采样变成 $x'(t)$ 后可以用下式表示：

$$x'(t) = x(t)\mid_{t=nT_s}$$

在自动化装置中，被采样的信号 $x(t)$ 主要是工频 50Hz 信号，通常以

工频每个周期的采样点数来间接定义采样周期 T_s 或采样频率 f_s。例如若工频每个周期采样点数为 12 次，则采样周期是 $T_s=20/12=5/3$（ms），采样频率 $f_s=50\times12=600$Hz。

② 采样定理。采样是否成功，主要表现在采样信号 $x'(t)$ 能否真实地反映出原始的连续时间信号中所包含的重要信息，采样定理就是回答这个问题。

我们先观察图 3-12 所示的波形。设被采样的信号 $x(t)$ 的频率为 f_0，其波形如图 3-12(a) 所示。对其进行采样，图 3-12(b) 是对 $x(t)$ 每周采一点，即 $f_s=f_0$，采样后所看到的为一直流量（见虚线）；图 3-12(c) 中，当 f_s 略大于 f_0 时（这里 $f_s=1.5f_0$），采样后所看到的是一个差拍低频信号；又由图 3-12(d) 可见，当 $f_s=2f_0$ 时，采样所看到的是频率为 f_0 的信号。不难想象，当 $f_s>2f_0$，采样后所看到的信号更加真

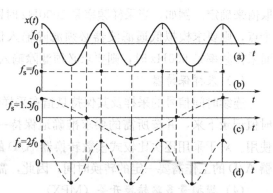

图 3-12 采样频率选择示意图

实地代表了输入信号 $x(t)$。由此可见，当 $f_s<2f_0$ 时，频率为 f_0 的输入信号被采样之后，将被错误地认为是一低频信号，我们把这种现象称为"频率混叠"现象。显然，在 $f_s\geqslant2f_0$ 后，将不会出现频率混叠现象。因此，若要不丢掉信息地对输入信号进行采样，就必须满足 $f_s\geqslant2f_0$ 这一条件。若输入信号 $x(t)$ 含有各种频率成分，其最高频率为 f_{max}；若要对其不失真地采样，或者采样后不产生频率混叠现象，采样频率必须不小于 $2f_{max}$，即 $f_s\geqslant2f_{max}$，也就是说，为了使信号被采样后不失真还原，采样频率必须不小于 2 倍的输入信号的最高频率，这就是乃奎斯特采样定理的基本思想。

举例来说，如某装置要采样的信号是 5 倍频的电流信号，即 $f_0=5\times50=250$Hz，采样频率至少应选 $f_s\geqslant2\times250$Hz 才能保证采样的 5 倍频电流信号不失真地还原。

③ 低通滤波器的设置。电力系统在故障的暂态期间，电压和电流含有较高的频率成分，如果要对所有的高次谐波成分均不失真地采样，那么其采样频率就要取得很高，这就对硬件速度提出很高要求，使成本增高，这是不现实的。实际上，目前大多数自动化装置原理都是反映工频分量的，或者是反映某种高次谐波（例如 5 次谐波分量），故可以在采样之前将最高信号频率分量限制在一定频带内，即限制输入信号的最高频率，以降低采样频率

f_s，一方面降低了对硬件的速度要求，另一方面对所需的最高频率信号的采样不至于发生失真。

要限制输入信号的最高频率，只需要在采样前用一个模拟低通滤波器（ALF），将 $f_s/2$ 以上的频率分量滤去即可。模拟低通滤波器可以做成无源或者有源的。图 3-10 示意的是常用的 RC 低通滤波器，滤波器的阶数则根据具体的要求来确定。

模拟低通滤波器的幅频特性的最大截止频率，必须根据采样频率 f_s 的取值来确定。例如，当采样频率是 1000Hz 时即交流工频 50Hz 每周期采 20 个点，则要求模拟低通滤波器必须滤除输入信号大于 500Hz 的高频分量；而采样频率是 600Hz 时，则要求必须滤除输入信号大于 300Hz 的高频分量。

（3）采样保持器

连续时间信号的采样及其保持是指在采样时刻上，把输入模拟信号的瞬时值记录下来，并按所需的要求准确地保持一段时间，供模数转换器 A/D 使用。对于采用逐次比较式模数转换器 A/D 的数据采集系统，因模数转换器 A/D 的工作需要一定的转换时间，因此，需要使用采样保持器。

（4）模拟量多路转换开关（MPX）

在实际的数据采集模块中，被测量往往可能是几路或几十路，对这些回路的模拟量进行采样和 A/D 转换时，为了共用 A/D 转换器而节省硬件，可以利用多路开关轮流切换各被测量与 A/D 转换电路的通路，达到分时转换的目的。在模拟输入通道中，其各路开关是"多选一"，即其输入是多路待转换的模拟量，每次只选通一路，输出只有一个公共端接至 A/D 转换器。

（5）模/数变换（A/D）

微机型系统只能对数字量进行运算或逻辑判断，而电力系统中的电流、电压等信号均为模拟量。因此，必须用模数变换器（ADC）将连续变化的模拟信号转换为数字信号，以便微机系统或数字系统进行处理、存储、控制和显示。

最常用的是逐次逼近型原理实现的，其原理框图如图 3-13(a) 所示。它主要由逐次逼近寄存器 SAR、D/A 转换器、比较器以及时序和控制逻辑等部分组成。它的实质是逐次把设定的 SAR 寄存器中的数字量经 D/A 转换后得到的电压 U_C 与待转换的模拟电压 U_X 进行比较。比较时，先从 SAR 的最高位开始，逐次确定各位的数码是"1"还是"0"，其工作过程如下。

在进行转换时，先将 SAR 寄存器各位清零。转换开始时，控制逻辑电路先设定 SAR 寄存器的最高位为"1"，其余各位为"0"，此试探值经 D/A 转换成电压 U_C，然后将 U_C 与模拟输入电压 U_X 比较。如果 $U_X \geqslant U_C$，说明

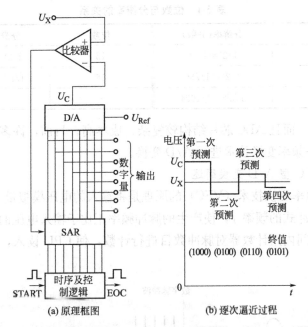

图 3-13　逐次逼近型 A/D 转换器工作原理

SAR 最高位的"1"应予保留；如果 $U_X < U_C$，说明 SAR 该位应予清零。然后再对 SAR 寄存器的次高位置"1"，依上述方法进行 D/A 转换和比较。如此重复上述过程，直至确定 SAR 寄存器的最低位为止。过程结束后，状态线 EOC 改变状态，表明已完成一次转换。最后，逐次逼近寄存器 SAR 中的内容就是与输入模拟量 U_X 相对应的二进制数字量。显然 A/D 转换器的位数 N 决定于 SAR 的位数和 D/A 的位数。图 3-13(b) 表示四位 A/D 转换器的逐次逼近过程。转换结果能否准确逼近模拟信号，主要取决于 SAR 和 D/A 的位数。位数越多，越能准确逼近模拟量，但转换所需的时间也越长。

A/D 转换器分辨率反映 A/D 转换器对输入微小变化响应的能力，通常用数字输出最小低位（LSB）所对应的模拟输入的电平值表示。例如，8 位 A/D 转换器能对模拟量输入满量程的 $1/2^8 = 1/256$ 的增量做出反映。N 位 A/D 能反映 $1/2^n$ 满量程的模拟量输入电压。由于分辨率直接与转换器的位数有关，所以一般也简单地用数字量的位数来表示分辨率，即 N 位二进制数最低位所具有的权值就是它的分辨率。表 3-1 列出了几种位数与分辨率的关系。

2. 基于 V/F 转换的模拟量输入回路

通过了解逐次逼近式 A/D 变换原理可知，这种 A/D 变换过程中，CPU 要使采样保持、多路转换开关及 A/D 变换器三个芯片之间协调好，因此接

表 3-1　位数与分辨率的关系

位数	分辨率(分数)	位数	分辨率(分数)
4	$1/2^4 = 1/16$	12	$1/2^{12} = 1/4096$
8	$1/2^8 = 1/256$	16	$1/2^{16} = 1/65536$
10	$1/2^{10} = 1/1024$	——	——

口电路复杂。而且 ADC 芯片结构较复杂，成本高。目前，许多微机应用系统采用电压-频率变换技术进行 A/D 变换。

（1）VFC 型 A/D 变换简述

电压-频率变换技术（VFC）的原理是将输入的电压模拟量 u_{in} 线性地变换为数字脉冲式的频率 f，使产生的脉冲频率正比于输入电压的大小，然后在固定的时间内用计数器对脉冲数目进行计数，使 CPU 读入，其原理如图 3-14 所示。

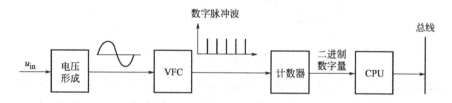

图 3-14　VFC 型 A/D 变换原理框图

图 3-14 中 VFC 可采用 AD654 芯片，计数器可采用 8031 或内部计数器，也可采用可编程的集成电路计数器 8253。CPU 每隔一个采样间隔时间 T_s，读取计数器的脉冲计数值，并根据比例关系算出输入电压 u_{in} 对应的数字量，从而完成了模数转换。

VFC 型的 A/D 变换方式及与 CPU 的接口，要比 ADC 型变换方式简单得多，CPU 几乎不需对 VFC 芯片进行控制。装置采用 VFC 型的 A/D 变换，建立了一种新的变换方式，为微机系统带来很多好处，其优点可归纳如下。

① 工作稳定，线性好，电路简单。

② 抗干扰能力强，VFC 是数字脉冲式电路，因此它不受脉冲和随机高频噪声干扰。可以方便地在 VFC 输出和计数器输入端之间接入光隔元件。

③ 与 CPU 接口简单，VFC 的工作不需要 CPU 控制。

④ 可以方便地实现多 CPU 共享一套 VFC 变换。

（2）典型的 VFC 芯片 AD654 的结构及工作原理

① VFC 芯片 AD654 的结构。AD654 芯片是一个单片 VFC 变换芯片，

中心频率为50Hz。它是由阻抗变换器 A、压控振荡器和驱动输出级回路构成，其内部结构如图 3-15(a) 所示。压控振荡器是一种由外加电压控制振荡频率的电子振荡器件，芯片只需外接一个简单 RC 网络，经阻抗变换器 A 变换输入阻抗可达到 50MΩ。振荡脉冲经驱动级输出可带 12 个 TTL 负载或光电耦合器件。要求光隔器具有高速光隔性能。

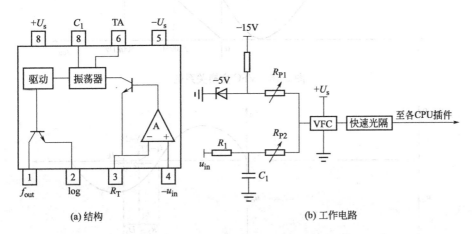

图 3-15 AD654 芯片结构及电路图

② AD654 的工作电路。AD654 芯片的工作方法可有两种方式，即正端输入和负端输入方式。在装置上大多采用负端输入方式。因此 4 端接地，3 端输入信号，见图 3-15(b)。由于 AD654 芯片只能转换单极性信号，所以对于交流电压的信号输入，必须有个负的偏置电压，它在 3 端输入。此偏置电压为−5V，其压控振荡频率与网络电阻的关系如下

$$f_{out}=\frac{1}{10C_T}\left[\frac{5}{(R+R_{P1})}+\frac{u_{in}}{(R_1+R_{P2})}\right]$$

式中 u_{in} 为输入电压，C_T 为外接振荡电容。可见输出频率 f_{out} 与输入电压 u_{in} 呈线性关系。R_{P1} 用来调整偏置值，使外部输入电压为零时输出频率为 250kHz，从而使交流电压的测量范围控制在 ±5V 的峰值内，这也叫零漂调整。各通道的平衡度及刻度比可用电位器 R_{P2} 来调整。R_1 和 C_1 设计为浪涌吸收回路，不是低通滤波器。VFC 的变换特性与输入交流信号的变换关系见图 3-16。通常整套微机装置的调整只有 R_{P1} 和 R_{P2} 可调，并在出厂时都已调好，一般可以不加调整，需要调整时也只要稍做一些微调即可。

③ VFC 的工作原理。当输入电压 $u_{in}=0$ 时，由于偏置电压−5V 加在输入端 3 上，输出信号是频率为 250kHz 的等幅等宽的脉冲波，见图 3-17(a)。当输入信号是交流信号时，经 VFC 变换后输出的信号是被 u_{in} 交变信

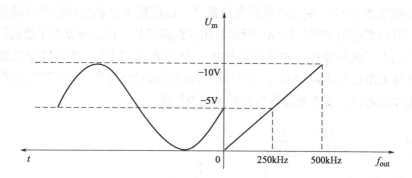

图 3-16　VFC 变换关系图

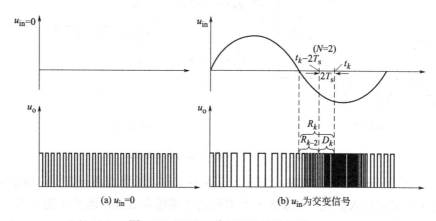

图 3-17　VFC 工作原理和计数采样

号调制了的等幅脉冲调频波，见图 3-17(b)。由于 VFC 的工作频率远远高于工频 50Hz，因此就某一瞬间而言，交流信号频率几乎不变，所以 VFC 在这一瞬间变换输出的波形是一连串频率不变的数字脉冲波，可见 VFC 的功能是将输入电压变换成一连串重复频率正比于输入电压的等幅脉冲波。而且，VFC 芯片的中心频率越高，其转换的精度也就越高。在新型的自动装置中采用 VFC110 芯片，该芯片的中心频率为 2MHz，是 AD654 的 8 倍，因此变换精度及保护的精确工作电流都有了较大提高。

④ 采样计数。计数器对 VFC 输出的数字脉冲计数值是脉冲计数的累计值，如 CPU 每隔一个采样间隔时间 T_s 读取计数器的计数值，并记作（…、R_{k-1}、R_k、R_{k+1}、…），则在 $t_k - NT_s$ 至 t_k 的这一段时间内计数器计到的脉冲数为 $D_k = R_k - R_{(k-N)}$，如图 3-17(b) 所示。如果每个脉冲数对应的电压值（伏）为 K_b 系数，则输入电压 u_{in} 可用下式表示

$$u_{in} = (D_k - D_0) \times K_b$$

式中，D_0 为 250kHz 中心频率对应的脉冲常数［见图 3-16 和图 3-17(a)］。

增大 N 值可提高分辨率和精度，但也增加了采样时间。数据采集系统可以根据要求，用软件自动改变 N 值，以兼顾速度和精度。

在自动化装置的定值整定清单中，上式中的 K_b 常用 U_P 表示电压比例系数，用 I_P 表示电流比例系数。这些系数是厂家给定并已调整好的，用户不必整定调整。

值得注意的是，上式中表示的 u_{in} 是在 $t_k - 2T_s$ 至 t_k 极短时间内的瞬时值，并不是有效值。如果要计算有效值还必须对该交变信号连续采样，然后由软件按一定算法计算。

(3) 逐次逼近式和电压-频率变换式两种数据采集系统的特点分析

以上我们介绍了两种数据采集系统的构成及工作原理，通过分析我们可以看出两者都具有各自的工作特点，在使用时，应根据需要加以选择。两种数据采集系统的特点，主要体现在以下几个方面。

① 逐次逼近式数据采集系统的模数转换数字量对应于模拟输入电压信号的瞬时采样值，可直接将此数字量用于数字算法；而电压-频率变换式数据采集系统在每一个采样时刻读出的计数器数值不能直接使用，必须采用相隔一定时间间隔的计数器读值之差后才能用于各种算法，且此计数器读值之差对应于在一定时间期内模拟输入电信号的积分值。对于要求动作速度较快的微机型装置应采用逐次逼近式数据采集系统。

② 逐次逼近式数据采集系统，一旦转换芯片选定后，其输出数字量的位数不可变化即分辨率不能再改变。而对于电压-频率变换式 VFC 数据采集系统则可以通过增大计算脉冲时间间隔来提高其转换精度或分辨率。

③ 对于逐次逼近式数据采集系统，对芯片的转换时间有严格的要求，必须满足在一个采样时间间隔内，快速完成数据采集，以留给微型机时间去执行软件程序。而对电压-频率变换式 VFC 数据采集系统则不存在转换速度的问题，它是利用输入计数器的脉冲的计数值来获取模拟输入信号在某一时间内的积分值对应的数字量。在使用时应注意到计数芯片的输入脉冲频率不能超出极限计数频率。

④ 逐次逼近式数据采集系统中需要由定时器按规定的采样时刻，定时给采样保持芯片发出采样和保持的脉冲信号，而电压-频率变换式数据采集系统则只需按采样时刻读出计数器的数值。

3. 脉冲遥测量的采集

在数字化改造时期，电能计量的常用方法是电能脉冲计量法，即使电能表转盘每转动一圈便输出一个或两个脉冲，用输出的脉冲数代替转盘转动的圈数，并将脉冲量通过计数器计数后输入微机系统，由 CPU 进行存储、计算。

　　转盘式脉冲电度表发送的脉冲数与转盘所转的圈数即电度量成正比。将脉冲量数累计，再乘以系数就得到相应的电度量。为了对脉冲数进行累计，远动系统中设有计数器，每收到一个脉冲，计数值加一。在对脉冲进行计数时，要对脉冲质量进行检查。正常情况下的脉冲有一定的宽度，如收到的脉冲过窄，宽度不合要求，一般是干扰脉冲，应予以舍弃，如图3-18所示。

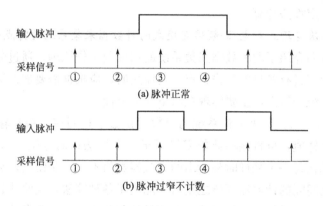

图 3-18　脉冲质量检查

　　在图3-18(a)中，由于①②处采样脉冲连续检测为低电平，而③④处采样脉冲连续检测为高电平，即对于正常脉冲，定时取样连续测得脉冲为高电平的次数大于等于2，就确定为有效脉冲，计数器加1。

　　在图3-18(b)中，①②处连续采样为低电平，但③④处的采样值不同，因而认为输入的是尖峰干扰，不是有效的脉冲，不予计数。

　　在变电站综合自动化系统中，电度脉冲的到来是随机的，计数器可能随时要计数。读取计数器的累计值时不应妨碍正常的计数工作，因而一般采用两套计数器。主计数器对输入的脉冲进行计数；副计数器平时随主计数器更新，两者的数据保持一致。在收到统一读数的"电度冻结"命令时，副计数器就停止更新，保持当时的数据不变，而主计数器仍照常计数。因此数据可从副计数器读取，反映的是"冻结"时的数据。等"解冻"命令到达时，副计数器又重新计数，保持与主计数器的数据一致。

　　脉冲计数器的工作流程图如图3-19所示。

　　脉冲计数需使用"冻结"措施的原因如下。

　　① 为使读取的同时性好，让全系统所有厂站的RTU脉冲量同时冻结，然后分别提取。

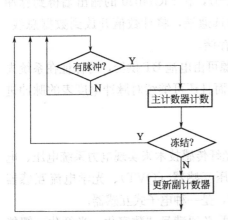

图 3-19 脉冲计数器工作流程图

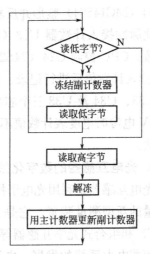

图 3-20 脉冲读取工作流程

② 保证读数的正确性，因为若不冻结读数可能会造成读错。例如计数值为 29，先读低位 9，这时碰巧来了一个脉冲，变为 30，再读高位为 3，结果读成 39，造成很大读数误差。若先读高位，则可能读成 20，读数误差也大。因此，脉冲量读取的过程应规定为：从读低字节开始，自动冻结副计数器，等读完后再解冻并更新，流程图如图 3-20 所示。

下面以河南思达公司的 PWS 型自动化系统脉冲量计数电路图为例，说明计数电路的工作原理。如图 3-21 所示。

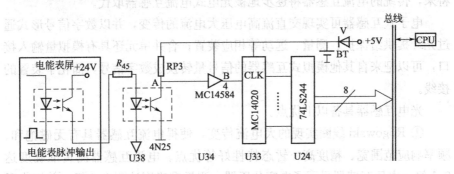

图 3-21 脉冲量计数原理图

脉冲电度表所产生的脉冲上升沿，使脉冲电度表内部光电隔离器的二极管发光，三极管导通。此时，电度表＋24V 电源通过该三极管及计算机模块中的电阻 R_{45} 使光电隔离器 U38 的二极管发光，三极管饱和导通。A 点由高电平变为低电平。在脉冲电度表输出过去以后，U38 无电流通过，A 点由低电平变为高电平。在这一过程中 A 点得到一个脉冲"凵"，该脉冲通过 U34（MC14584）整形并反相输出。B 点的脉冲波形与脉冲电度表的相一致。此脉冲接入计数器 U33（MC14020），在 MC14020 的输出端得到脉冲累计数。CPU 控制 U24（74S244）的选通端，将计数值开放到数据总线。CPU 读入计数值后进行记录、计算和存储。

U33、U34 及 U38 三个芯片的电源可由电池 BT 供给，可保证在系统失去＋5V 电源时电度表计数值不丢失，而且还可继续对脉冲电度表的脉冲进行计数。

4. 光电互感器的数字化采集

光电互感器是利用光电子技术和光纤传感技术来实现电力系统电压、电流测量的新型测量装置，它是光学电压互感器（OVT）、光学电流互感器（OCT）和组合式光学互感器等的通称，是一种电子式互感器。

随着电力系统的发展，电流互感器必须满足"数字化、光纤化、智能化、一体化"的要求。数字化是指要尽量淘汰传统的模拟信号的指针式读数盘，而采用数字式的仪表，减小测量中因读数而引起的人为误差。光纤化是指在测量系统中，大力提倡光纤的使用，减小电磁场对测量结果的影响。智能化是指加大微机和网络在电气测量中的运用，赋予互感器一定的自我判断和识别能力，这主要是在外围的电路上作一些改进及在软件上的优化。一体化是指将多相电流互感器甚至是多相电流互感器和电压互感器做成成套设备，这样可以节约大量的人力、物力。针对电力系统的发展趋势，在不久的将来，传统的电流互感器将逐步地被光电式电流互感器取代。

电子式互感器可实现交直流高电压大电流的传变，并以数字信号形式通过光纤提供给保护、测量、远动等相应装置；合并单元还具有模拟量输入接口，可以把来自其他模拟式互感器的信号量转换成数字信号，简化了装置的接线。

光电互感器具备以下优点。

① Rogowski 线圈实现的大电流传变，使得电流互感器具有无磁饱和、频率响应范围宽、精度高、暂态特性好等优点。电流互感器测量准确度达 0.1 级。电压互感器采用了电容分压器，测量准确度达到 0.2 级，并解决了传统电压互感器可能出现铁磁谐振的问题。

② 采集器处于互感器的低压端，采集器和合并单元通过光纤相连，数字信号在光缆中传输，增强了抗干扰性能，数据可靠性大大提高。

③ 电子式互感器的一次与二次的光电隔离，使得电流互感器二次开路、电压互感器二次短路可能导致危及设备或人身安全等问题不复存在。

④ 电子式互感器完备的自检功能，若出现通信故障或光电互感器故障，

装置将会因收不到校样码正确的数据而可以直接判断出互感器异常。

⑤ 价格低廉的光纤光缆的应用，大大降低了电子式互感器的综合使用成本。由于绝缘结构简单，在高压和超高压中，电子式互感器这一优点尤其显著。

采用非常规互感器后，对于变电站内二次系统中 IED 的联结通过合并单元实现，非常规互感器的信号通过光纤传输到一个合并单元，合并单元对信号进行初步处理，然后以 IEC 61850 标准将数据传送到控制保护及计量等系统。这些传送的信号量是数字方式，对于控制保护设备来说，只要通过一个网络接口就可以收集多个通道的信号。

非常规互感器通过合并单元将输出的瞬时数字信号填入到同一个数据帧中，体现了数字信号的优越性。数字输出的光电式互感器与变电站监控、计量和保护装置的通信通过合并单元实现，将接收到的互感器信号转换为标准输出，同时接收同步信号，给二次设备提供一组时间一致的电压、电流值。可实现与间隔层设备的点对点和过程总线通信，并可方便地升级到 IEC 61850 标准通信协议取代传统互感器和二次电缆，可实现光电传感器在变电站自动化系统中的应用。

原来由间隔层的 IED 完成的模拟输入模块、低通滤波模块、数据采样及 A/D 转换等功能现在下放到过程层中，由非常规互感器数字信号处理单元完成，其输出为数字信号，省略 IED 的电压形成回路、采样保持和模/数转换，与 IED 的接口变得更为简单，如图 3-22 所示。

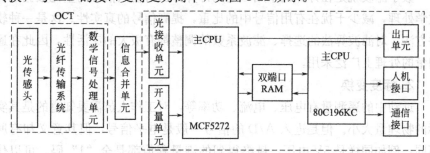

图 3-22　光电互感器与 IED 数据接口示意图

电子式互感器使得间隔层和过程层的连接方式更加开放和灵活。其输出的数字信号可以很方便地进行数据通信，可以将电子式互感器以及需要取用互感器信号的装置构成一个现场总线网络，实现数据共享，节省大量的二次电缆；同时，光纤传感器和光纤通信网固有的抗电磁干扰性能，在恶劣的电站环境中更是显示其独特的优越性，光纤系统取代传统的电气量系统是未来电站建设与改造的必然趋势。

电子式互感器具有数字输出、接口方便、通信能力强的特性，其应用将直接改变变电站通信系统的通信方式，特别是过程层一次设备与间隔层二次设备间的通信方式。利用电子式互感器输出的数字信号，使用现场总线技术实现对等通信方式，或过程总线通信方式，将完全取代大量的二次电缆线，彻底解决二次接线复杂的现象，可实现真正意义上的信息共享。并且光电传感器的接口设计方便，利用模块化和面向对象技术实现硬件、软件的标准化设计，以满足不同传输介质和各种通信协议和标准的需要，具有灵活的扩展性和自适应性，而这是传统互感器所不可能具备的特性。

三、模拟遥测量的处理

模拟量被采集转换为数字量后的数据为原始数据，这些数据都要进行加工处理才能存入内存中的遥测数据区，以便提供给调度运行人员用。对遥测数据的处理主要包括以下几个环节。

1. 数字滤波

输入的信号中常混杂有各种频率的干扰信号。因此，在采集的输入端通常加入 RC 低通滤波器，用于抑制某些干扰信号。RC 滤波器易实现对高频干扰信号的抑制，但欲抑制低频干扰信号（如频率为 0.01Hz 的干扰信号）要求 C 值太大，不易实现。而数字滤波器可以对极低频率的干扰信号进行滤波，弥补了 RC 滤波器不足。

数字滤波就是在计算机中用一定的计算方法对输入信号的量化数据进行数学处理，减少干扰在有用信号中的比重，提高信号的真实性。这是一种软件方法，对滤波算法的选择、滤波系数的调整都有极大的灵活性，因此在遥测量的处理上广泛采用。

2. 标度变换

远动中的遥测量有电压、电流、功率等，对工作人员需要知道的是其实际的物理量大小。但是进入 A/D 的信号一般是电平信号，但其意义却有所不同，例如同样是 5V 电压，最终得到的满量程值都是全"1"码。可以代表 540℃蒸汽温度，也可以代表 500A 电流或 110kV 电压等。因此，经 A/D转换后的同一数字量所代表的物理意义是很不相同的。所以需要在测量110kV 或 220kV 的电压表满量程处，分别标上与 110kV 或 220kV 相对应的标尺。同样是电压表满量程的偏转角，配以不同的标尺，由计算机乘上不同的系数，就可指示出不同的电压值，把它们恢复到原来的量值，这可称为标度变换。所以标度变换又称为乘系数，是将 A/D 转换结果的无量纲数字量还原成有量纲的实际值的换算方法。

被测的模拟量有电压、电流、功率等，其满量程值可各不相同。例如某电流的满量程值为 1500A，经模数转换后输出的满量程值为 2047。当电流从 0～1500A 变动时，模/数转换器的输出也从 0～2047 变动，两者呈线性关系，但数值并不相同，差一个比例系数 K。模数转换后的值乘以比例系数后应等于被测模拟量的实际值。乘系数也就是标度变换。

遥测量经模数转换得到的是二进制数，乘系数后所得的仍是二进制数。如要用十进制数的形式来显示或打印，还应将二进制数转换为十进制数，简称为二-十转换。

3. 数据的有效性检验

其目的是判断采入的数据是否有明显的出错或为干扰信号等。可根据物理量的特性来判断，例如：

① 变化缓慢的参数，可用同一参数前、后周期的变化量来判断。如后一周期内的量变化超过一定范围，与规律不符，则可认为该数据是不可信的"坏"数据。

② 利用相关参数间的关系互相校核。例如励磁电压与励磁电流之间有较强的相关性，可以互相校核。当励磁电压升高时，励磁电流必定按一定关系上升，不符合这种情况的数据是不可信的。

③ 对于一些重要参数，可以用两个测点或在同一测点上装两台变送器，用它们之间的差值进行校核。差值超过一定数值的数据是不可信的。对于可疑数据，需进一步判别。

④ 限制判断。各种数据，当超过其可能最大变化范围时，该数据为不可信的。

可见，根据量值的类型，选择合适的判断方法，达到可信目的，是数据有效性检验的任务。

4. 线性化处理

有的变送器的输出信号与被测参数之间可能呈非线性关系，为了提高测量精度，可采取线性拟合措施，以消除传感器或转换过程引起的非线性误差。

5. 越阈值测量

在正常情况下电力系统中厂站端的一些参数随时间的变动不大，如母线电压、恒定负载等。有的随时间变动较大，如一些经常变动的负载等。在远动中重复传送那些数据变化不太大、甚至无变化的遥测量，是不必要的，反而增加了装置处理数据的负担。为了提高装置效率和信道利用率，在处理这类模拟量时，采用"阈值"方法，对连续变化的模拟量规定一个较小的变化范围。当模拟量在这个规定的范围内变化时，认为该模拟量没有变化，这个期间模拟量的值用原值表示。只有变化量超过这个"阈值"时才传送，小于或等于"阈值"就不传送，这个"阈值"也称为"死区"，如图 3-23 所示。

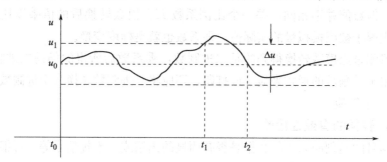

图 3-23 越阈值测量示意图

当模拟量连续变化范围超出死区时，则以此刻的模拟量代替旧值，并以此值为中心再设死区。因此死区计算实际上是降低模拟量变化灵敏度的一种方法。

图 3-23 给出了越阈值测量示意图。t_0 时刻的 u 值为 u_0，设该阈值为 $2\Delta u$，当 $|u_1-u_0|<\Delta u$ 时，认为 u 值未变。在 $t_0\sim t_1$ 时间内，u 值为 u_0；当 t_1 时刻，$|u_1-u_0|>\Delta u$，则以此刻的值 u_1 代替 u 的原值 u_0，再以 u_1 为中心再设阈值，到 t_2 时刻 u 值越阈值，用 t_2 时刻的值 u_0 代替 u_1。从图 3-23 中可以看出，在 $t_0\sim t_2$ 这段时间，u 是不断变化着，但采用越阈值测量后，可用两个值 u_0 和 u_1 来表征这一变化过程。只要设置一个很小的阈值，例如 $\pm 0.2\%$，就可以有效地压缩正常情况下的数据传输量。压缩的效果与阈值的大小等因素有关。系统中各个遥测量的变化规律不尽相同，对数据精确度的要求亦会有差别，阈值的大小应按遥测量的实际情况确定。

在异常及事故情况下，遥测量的变动通常比较大，往往超过阈值，这时信道中传送的数据量还是比较大的。

6. 越限判别

电力系统中有的运行参数受约束条件的限制不能超过一定的限值。例如，向用户供电的电能质量指标要求，频率的变化范围不能超过 $50\text{Hz}\pm 0.2\text{Hz}$，电压的变化不能超过额定电压的 $\pm 5\%$；从安全性、可靠性运行角度看，输电线上传输的功率不能超过其稳定极限。母线电压不允许太高或太低，这就规定了上限值和下限值。对运行参数应及时检查，对于需要检查其是否越限的遥测量，应设置相应的限值，一旦发现某一量超出允许范围即判为越限，这时，一方面要对这一量置越限标志，另一方面要发出信号（如报警、改变遥测量的显示颜色等），并记录越限的时间和数值。这一功能称为越限判别。

在电力系统运行中，由于负荷的不断变化，运行参数可能会出现上下波动的情况，当这种波动发生在上限值或下限值附近时，会出现连续不断的告警现象，给运行人员带来干扰。为了避免这种情况下发生频繁告警，通常参加越限比较的数据先要做越阈值测量。

综上所述，每个模拟遥测量被采样，经模数转换，再经数字滤波、标度变换、二-十转换、数据的有效性检验、线性化处理、越阈值测量和越限判别等处理后，按规定的格式存入内存中的遥测数据区待用。

四、事故追忆

在对电力系统发生事故过程监测时，希望把事故发生前后的一段时间内，不仅把事故瞬间及事故以后，而且包括事故发生前一段时间的有关遥测量记录下来送往调度端，为今后的事故分析提供原始依据，这就是事故追忆功能。

要实现事故追忆功能，就必须在内存中开辟一足够的实时数据缓冲区，缓冲区内的数据采用先进先出的方式刷新。在事故追忆过程中，记录事故前 X 帧、后 Y 帧（或由时间定义）变电站电气运行参数变化过程的信息。追忆内容可打印输出，或通过 CRT 用表格、图形方式再现追忆内容，即事故发生的过程变化，作为事后分析使用。

要进行事故追忆必须给需要追忆的遥测量安排内存单元。如果对需要追忆的遥测量要求保留事故前 2 个遥测数据，事故后 3 个遥测数据，由于每个遥测量占 2 个字节，因而总共需要 $2 \times 5 = 10$ 个单元。如需追忆的遥测量共有 N 个，则用于事故追忆的要 $10N$ 个单元。

事故追忆功能应该是在发生事故时启动。事故的发生往往会引起一系列遥信变位，因此可以以遥信变位来启动事故追忆。但是遥信变位并不就意味着事故的发生，所以可以用变电所的事故总告警保护信号启动事故追忆，对于省级和网级调度也可以用静稳定分析和动稳定分析的结果启动事故追忆。

第四节　远动装置的遥控和遥调

远动系统除了要完成对电力系统运行状况的监测，还要对电力运行设备实施控制，确保系统安全、可靠、经济地运行。如为保证系统频率的质量而实施的自动发电控制（AGC）、为保证各母线电压运行水平的电压无功控制

（VQC）、为保证系统运行经济性的经济调度控制（EDC）等。根据受控设备的不同，远程控制可分为遥控和遥调。遥控，就是远距离控制，是应用远程通信技术，完成改变运行设备状态的命令，如对断路器的控制。遥调，就是远距离调节，是应用远程通信技术，完成对具有两个以上状态的运行设备的控制，如机组的出力调节、励磁电流的调节、有载调压变压器分接头的位置调节等。

一、遥控

遥控是由调度端发布命令，直接干预电网的运行，要求厂站端合上或断开某号开关。所以遥控要求有很高的可靠性。遥控命令中应指定操作性质（合闸或调闸）和开关号。遥控命令的格式示例见图 3-24，其中遥控性质码如以 CCH 为合闸，则以 33H 为跳闸。

字地址	性质码	对象码		监督码

图 3-24　遥控命令格式

遥控是一项十分重要的操作，为了保证可靠，通常都采用返送校核法，所谓"返送校核"是指厂站端 RTU 接收到调度中心的命令后，为了保证接收到的命令能正确地执行，对命令进行校核，并返送给调度中心的过程。返送校核将遥控操作分两步完成。首先由调度端向厂站端发送由遥控性质和遥控对象等组成的遥控命令，为了可靠起见遥控命令连发 3 遍。厂站端收到遥控命令后要返送给调度端进行校核。返送校核有两种方式：一种是将接收到的遥控命令存储后照原样直接返送给调度端；另一种方式是将遥控命令送给有关的遥控性质和遥控对象继电器，将这些继电器的动作情况编成相应的代码后再返送给调度端，显然后一种方式比前一种方式更深入可靠。调度端收到返送的遥控信息，经校对与原来所发的遥控命令完全一致才发遥控执行命令。厂站端只有在收到遥控执行命令后才将原先收到的遥控命令付诸执行。

厂站远动装置向调度中心返送的校核信息，用以指明远动装置所收到命令与主站原发的命令是否相符以及远动装置能否执行遥控选择命令的操作。为此，厂站端校核包括两个方面：

① 校核遥控选择命令的正确性，即检查性质码是否正确，检查遥控对象号是否属于本厂站；

② 检查远动装置遥控输出对象继电器和性质继电器是否能正确动作。

图 3-25 给出了遥控过程中调度中心和厂站端的命令和信息的传送顺序。

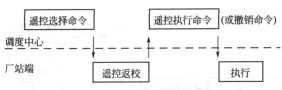

图 3-25　遥控信息的传递过程

因此，可将遥控过程小结如下。

① 调度中心向厂站端远动装置发遥控选择命令。

② 远动装置接收到选择命令后，启动选择定时器，校核性质码和对象码的正确性，并使相应的性质继电器和对象继电器动作，使遥控执行回路处于准备就绪状态。

③ 远动装置适当延时后读取遥控对象继电器和性质继电器的动作状态，形成返校信息。

④ 远动装置将返送校核信息发往调度中心。

⑤ 调度中心显示返校信息，与原发遥控选择命令核对。若调度员认为正确，则发送遥控执行命令到远动装置，反之，发出遥控撤销命令。

⑥ 远动装置接收到遥控执行命令后，驱使遥控执行继电器动作。若远动装置接收到遥控撤销命令，则清除选择命令，使对象和性质继电器复位。

⑦ 远动装置若超时未收到遥控执行命令或遥控撤销命令，则作自动撤销，并清除选择命令。

⑧ 遥控过程中遇有遥信变位，则自动撤销遥控命令。

⑨ 当远动装置执行遥控执行命令时，启动遥控执行定时器，当定时到，则复位全部继电器。

⑩ 远动装置在执行完成遥控执行命令后，向调度中心补送一次遥信信息。

在调度端，遥控命令是通过键盘发布的。在厂站端，遥控输出部分的有关硬件见图 3-26。CPU 在收到遥控命令后经锁存、译码和光电隔离等使相应的遥控性质和遥控对象继电器动作。例如遥控命令为合上 1 号遥控对象的开关，则图 3-26 中的合闸继电器 K_{on} 及 1 号遥控对象继电器 K_{1YK} 应动作。由于此时执行继电器 K_{exe} 未动作，因而仍不会合闸。经一定时延待继电器的触点状态稳定后，相应的触点 K_{on}、K_{1YK} 经编码电路（图 3-26 未画出）编成代码，用于和收到的遥控命令进行校核，并返送给调度端。调度端经核对无误后再发执行命令。厂站端收到执行命令后遥控执行继电器 K_{exe} 动作，遥控令才被执行。执行后被控对象的状态由遥信送给调度端。

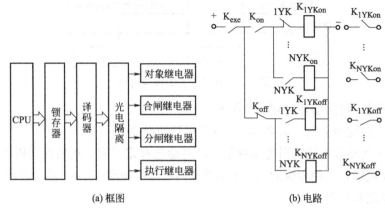

(a) 框图   (b) 电路

图 3-26　遥控输出部分的硬件

　　厂站端收到遥控命令后对有关电路进行检查，如发信工作不正常就给调度端发"遥控有关电路检查出错"信息。调度端在收到这一信息，或者返送校核不符合时就不发遥控执行命令，调度端如欲撤销原发的遥控命令，可以发"遥控撤销命令"。厂站端收到遥控撤销命令后禁止遥控执行继电器动作，使已动作的遥控性质和对象继电器返回，并清除保存的原遥控命令。

　　厂站端的遥控执行单元通常还配有定时部分。为了使合闸或跳闸信号具有脉冲性质以适应开关操作机构的要求，在收到遥控执行命令后，除了使有关继电器动作，执行遥控命令外，经一定时延将继电器全部复归，消除当前的工作状态，等待下一次的遥控命令。此外，厂站端在收到遥控命令并返送后，如长时间收不到调度端的遥控执行命令，经过预定的时间就自动撤销该遥控命令。

　　厂站端对遥控电路都设有自检查。检查时送入一定编码的命令，检查遥控执行、遥控性质、遥控对象等继电器的动作情况以及返送编码是否正常，以便及时发现问题，并向调度端报告。

二、遥调

　　遥调通常是指调度端给厂站端的设备发布调节命令。在发电厂中，主要机组都装有自动调节装置，改变调节装置的整定值，就能改变机组输出功率。所以，遥调命令将下达调节系统整定值信息。这种遥调也称整定命令。遥调命令与遥控命令相类似，其下行命令应说明整定值的大小，以及调节对象，以便厂站 RTU 对指定装置下达调节命令值。整定命令的格式示例见图 3-27(a)，整定命令一般连发 3 遍。厂站端收到整定命令经检验合格后将调节数值部分锁存，再经数/模转换器转换成模拟量的电压或电流，送给整定

字地址	对象码		数据		监督码

(a) 整定命令

字地址			性质码	对象码	监督码

(b) 升降命令

图 3-27 遥调命令格式

命令中指定的遥调对象。整定命令的执行后果由对应的遥测量给调度端反映。

调节有载调压变压器的分接头以改变变压器的变比是常用的一种调压手段。远程调节有载变压器分接头的位置也是遥调。这种遥调通常只是要求把分接头位置升高一挡或降低一挡，因而也称为"升降命令"。在升降命令中应指定调节对象和调节性质（升或降），格式示例见图 3-27(b)，其中遥调性质码如以 AAH 为升命令，则以 55H 为降命令。升降命令一般连发 3 遍。厂站端收到升降命令经检验合格后就去调节有关变压器的分接头。一般认为对遥调可靠性的要求不如遥控那样高，因而遥调大多不进行返送校核。

三、遥控和遥调的可靠性

与遥信和遥测不同，遥控和遥调作为对系统的控制和调节措施，将改变系统的运行方式，它对确保系统安全、稳定、经济地运行会产生直接的影响。因此，对遥控和遥调的可靠性要求是极高的，不允许有误操作。除控制执行部件和调节部件要有高可靠性和灵敏性外，调度端与 RTU 的通信及 RTU 的可靠性也是非常重要的。

在远动规约中，遥控、遥调命令的定义和实现过程已充分保证了调度端和 RTU 通信的可靠性。帧类别、功能码和操作的唯一性，信息字的冗余性，信息的校验，选择的返校等各方面都正确无误后，RTU 才执行操作。

在 RTU 方面，应使硬件和软件具有遥控和遥调执行过程正确性的自检功能。如自检 CPU 发出的数据与锁存输出的数据的一致性。在执行遥控时，应保证合闸操作与跳闸操作的互斥性；在执行遥调时，应保证升、降操作的互斥性，设定操作输出的模拟信号的自保持（防止在远动装置故障时出现零整定值调节）。

在系统设计中，必须要考虑对遥控对象和遥调对象的运行状态和运行水平进行监视的遥信和遥测的回送量，用以对控制和调节结果的监测。RTU 供电的可靠性也是非常重要的，应采用 UPS 电源，交、直流供电。若要进一步提高遥控和遥调整体可靠性，还可以采用容错控制处理技术，构造双重或多重执行系统。

第五节 调度端的远动主站

电网的安全稳定运行是经济发展、社会稳定的重要保障。电力调度机构是电力系统调度运行控制的指挥中心，承担着组织、指挥、指导和协调电力系统运行的重要任务。而功能完善、技术先进的调度自动化系统对保证电网安全稳定运行具有十分重要的意义，随着电网结构的日益复杂，电网的安全对调度自动化系统的依赖程度也越来越高。

一、调度自动化系统简介

电网的调度自动化系统从内容上可以划分为远动系统和计算机系统，所以调度主站端的设备包括前置机设备和后台计算机系统。

调度端一般使用集线器构成网络结构，网络速率 100Mbps，配置双前置机/数据服务器、双调度员工作站、管理信息工作站、智能多串口、双切开关、调制解调器柜、卫星钟，以后可根据具体情况任意增加工作站。

上行信息：来自 RTU 的信息首先由调制解调制器进行解调，再送入双切开关，由双切开关同时向两个智能多串口发送，再由两个智能多串口分别向两台前置机/数据服务器传送，经主前置机/数据服务器处理、存储后，向网上传播，各工作站收到信息后进行相应处理。

下行信息：来自工作站的信息首先传送到主前置机/数据服务器，由其处理后发送到智能多串口，再传送到双切开关，最后经调制解调柜后发送到 RTU。

向 MIS 网发送的信息：前置机/数据服务器提供与 MIS 网的硬件接口，并通过该接口向 MIS 网发送各种实时和历史数据。

向其他调度转发信息：前置机/数据服务器将来自各站的实时数据处理好后，将市调所需信息按要求的规约格式及顺序组帧，然后通过智能多串口、双切开关向市调转发。系统框图如图 3-28 所示。

调度自动化系统中的远动系统由远动主站、远方终端 RTU 和通道组成。远动系统是由信息采集与控制系统、信息传输系统、信息收集系统和加工分析处理系统组成。电力系统远动技术就是实时采集电力系统各厂、站端的参数和状态，调度中心根据收集的各种信息来下发各种操作、调整命令。远动装置就是远距离传送这种信息，以实现遥测、遥信、遥控、遥调等功能。

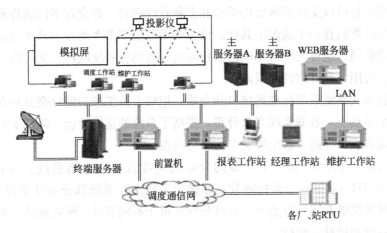

图 3-28 典型的电网调度自动化系统结构示意图

调度自动化系统中的后台计算机系统是整个调度自动化系统的中心，所有经 RTU 采集过来的数据最终均经过简单处理后汇总到这里。后台计算机系统的软件系统由系统软件、支持软件和应用软件组成。数据库系统是支持软件的重要组成部分，与应用软件联系特别紧密。数据库管理系统作为管理和维护数据库的软件，负责处理用户对数据库的操作，负责数据库组织的逻辑细节和物理细节的处理。系统中所有的数据均由数据库系统进行管理，在数据库中，分为实时数据库、历史数据库和参数管理数据库。后台计算机系统与调度员及管理人员的交互对话是由人机对话联系（MMI）系统完成的。

通过人机系统能够完成画面和报表的编辑、数据库的管理与维护、图形画面的调看、各种遥控遥调命令的发送等。

初期调度自动化系统的结构如图 3-29 所示，称为集中式调度自动化系统。在这种结构中，调度端按前置机、后台机方式配置。图中的前置机就是远动系统主站。

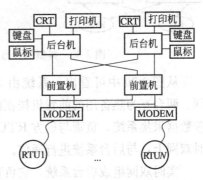

图 3-29 集中式调度自动化系统框图

20 世纪 90 年代以来，计算机硬件技术得到迅猛发展，计算机局部通信网络（LAN）得到广泛地应用，调度自动化主站系统向分布式的体系结构发展。分布式系统意味着能将整个主站控制系统的任务分解成界面明确的较小部分，将分解后的各部分内容分别在各个不同的处理器上执行，主站控制系统中的各个服务器和工作站。分布式系统中所需要的服务器或工作站数量取决于如何分配软件模块。开放式的网络应用平台可以支持多种硬件平台和多种软件平台，并允许不同硬件和软件平台的计算机在一个系统中共存。该系统可以实现多个监控与高度自动化系统间的联网，也可实现与非电网监控与高度自动化系统联网。实时性、可扩展性、可用性和可靠性都很高。

分布式系统采用标准的接口和介质，把整个系统按功能解裂分布在网络的各个节点上，数据实现冗余分布，提高了系统的整体性能，降低了对单机的性能要求，提高了系统的安全性和可靠性。

图 3-30 所示的是一个典型的分布式调度自动化主站系统。SCADA、EMS 和 DTS 共享一套数据库管理系统、人机交互系统和分布式支撑环境。三者既可集成在同一节点上，也可分散驻留于不同节点，配置灵活，每个单独的系统都可独立运行。

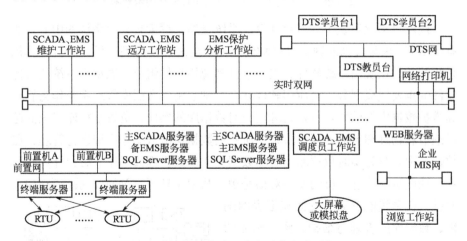

图 3-30　典型的分布式调度自动化主站系统配置

从图 3-30 中可看出，系统由 3 个网组成：前置网、实时双网和 DTS网。两台互为热备用的前置机挂在前置网上，与多台终端服务器共同构成前置数据采集系统，负责与远方 RTU 通信，进行规约转换，并直接挂接在实时双网上，与后台系统进行通信。

实时双网组成后台系统，它负责与前置数据采集系统通信，完成 SCADA 的后台应用和 EMS 分析决策功能。DTS 网是调度员培训系统的内部网，它通过 DTS 的教员台与实时双网相联。在系统中，一般 SCADA 和 EMS 是共存于同一主机的，这样用户可不必面对过多的显示器，同时也减少了硬件配置。当然 EMS 也可独立运行，此时系统要求启动 SCADA 的实时数据库和实时数据接收等后台功能。

调度工作站的主要任务：接收键盘或各工作站的命令；发送命令至前置

机或远方工作站；实时接收前置机送来的数据，送往各工作站或模拟屏；功率总加送至多功能显示仪；对事故报警或开关变位，则将信息送往模拟屏，控制机和智能语音报警器等。

远方工作站主要实现和管理各种智能电子设备的通信；实现和管理远动通信；各设备、装置通信状态检查和监视；转发信息编辑、合成等功能。

当调度自动化系统发展成局域网结构的分布调度自动化系统之后，远动系统主站的功能则主要在前置机工作站中实现。

二、前置机设备

调度自动化主站系统的数据采集与处理子系统，习惯称为前置机系统。调度端前置机系统主要由前置计算机、路由器及调制解调器等设备组成。它的主要作用就是接收远动厂站端设备的信号，并对数据进行预处理，同时发送调度中心向运行设备发出的命令信息。前置计算机可以面向多种通道介质、多种通信方式、多种通信协议、多种数据采集单元和其他多种不同的自动化通信系统。

前置机的主要任务有三项：第一，把远动信息准确地接收和发送；第二，把发送端发来的信息恢复其本来的内容，准确无误地进行解释；第三，保证远动信息在有干扰的条件下，能有效、准确地传输。具体可以分为如下功能。

① 接收多个 RTU 的远动信息。远动信息所包含的基本内容有遥信信息、遥测信息、遥控信息和遥调信息。遥控信息和遥调信息在远动系统中称为下行信息。它们的传送方向与上行信息相反，即由调度中心向统调的厂站传送，上级调度向下级传送。由于系统中的 RTU 可能是不同厂家、不同型号的产品。所以 RTU 发送远动信息时，有的可能以 CDT 方式传送，有的可能以 POLLING 方式传送，且还可以采用不同的远动通信规约。因此前置机在设计通信软件时，应该使前置机通信口既能工作在同步通信方式，又能工作在异步通信方式。前置机的接收处理软件应设计成一个多规约的接收处理软件，它要能处理国内已有的、常用的 CDT 规约和 POLLING 规约。还可以让用户根据实际系统所连接的 RTU 类型，对各个通信口需要的规约进行预选设置。

② 接收数据的预处理。遥测量的预处理工作主要有对遥测值的滤波处理、越限检查，对状态量进行变位判别，对变位次数进行统计等。当变位为事故变位时，完成对相关遥测量的事故追忆。

③ 向后台机送数。前置机预处理后的数据要向后台机传送，由后台机作进一步处理。

④ 接收后台机的遥控、遥调命令，并通过下行通道向 RTU 发送。

⑤ 转发功能。前置机从各个 RTU 对应的实时数据库中，选择出上级调度中心需要的信息，并按规定的转发规约格式对信息重新进行组装，向上级调度中心发送。

⑥ 通道的监视功能，监视各个通道是否有信号正常传送，并统计信道的误码率。

⑦ 人工设置和在线修改功能。当某个 RTU 或通道故障造成数据错误或丢失。RTU 停运或检修时，通过前置机能人工置入该厂站的遥测值和开关状态；可以设置重要开关事故跳闸时追忆的遥测量；能在线修改各个厂站的参数和系统的其他参数；能够在线增加新的 RTU，并在线选择或修改某个通信口的通信规约。

三、调度端远动信息的接收

调度端装置是与 N 个厂站进行通信的，随着厂站数 N 的增加，计算机的资源越来越紧张，矛盾越来越大。调度端装置对于接收一个厂站时，串行通信接口每收满一个字节就申请一次中断。CPU 响应中断读取字节后就进行字节处理，包括把收到的字节存入指定地址、调整地址指针、检查是否最后一个字节等。对于采用部颁 CDT 规约传送的厂站信息，主站 CPU 在响应串行通信接口收满第 6 个字节的中断读取字节后，除了要进行字节处理外，由于已收满一个远动字，因而还要进行字处理，包括差错控制检验、字地址检验（如都集中在收满一个字后进行），再按字地址判定是遥测量或遥信量等，分别加以处理。字处理所需的时间通常比字节处理时间要长得多。在接收一个远动字的不同阶段，CPU 的工作忙闲不均。

为减轻主站计算机接收系统负担，扩大调度端远动装置接收的厂站数量，现在广泛采用多 CPU 结构，即采用分布式前置系统和单片机技术，将前置机系统的负担由多个智能单元承担。

前置系统收到一个字节后向 CPU 申请中断，由 CPU 将这一字节取入内存暂存区，由计算机对各字节按照部颁 CDT 规约进行处理。要使远动系统正常工作，收发两端必须同步，循环式远动信息的每一帧开头通常都设有帧同步码，三组 EB90H，它是一帧开始的标志。在帧同步码确定之后，随后的各个远动字也随之确定，所以接收一帧远动信息必须先检出同步码。

一旦收发两端建立了同步，此后对每一帧的三组 EB90H 同步码都以软件方式检验。如果在应该出现同步码处收到的不是三组 EB90H，表明同步码出了问题。但只要这段时间不长，造成的相位差在允许范围以内，就可认为仍属同步状态，可以继续接收数据，这称为惯性同步，意思是在收到一次同步码以后，即使随后收不到正常的同步码，同步状态可以像惯性那样维持一段时间，接收工作可照常进行。惯性同步能维持多长时间，取决于收发两端石英晶体振荡器频率的稳定性、频率差以及允许的相位差等因素。有的远动装置收到一次同步码后按惯性同步可以连续接收三帧信息。但如连续三次收不到正常的同步码就应清除同步标志，令串行通信接口进入搜索状态，直到再次检出同步码时才恢复正常工作。惯性同步期间应对收不到正常同步码的次数进行统计，以便在次数达到限定值时停止惯性同步，转入搜索同步状态。

接收完一帧远动信息后又需检查帧同步码，但此时因已建立同步标志，故程序转至收满 6 个字节后检查是否连续三组 EB90H。如果是同步码，情况又属正常，则将惯性次数清零，接收点号置 0。如未能收到正常的同步码，则只要惯性同步次数不超过限定值就作为惯性同步处理，将惯性次数加 1，接收点号置 0，继续接收远动数据。如惯性次数已达限值，不能再作惯性同步处理，于是清除同步标志，并令串行通信接口进入搜索同步状态，重新捕捉同步码，直到检出正常的帧同步码，使收发两端重新处于同步状态。

在同步状态下，串行通信接口每收满一个字节的数据就发出一次中断，由 CPU 将数据取走，存入内存的接收数据暂存区。待收满 6 个字节后就可对收到的这一远动字进行全面检查。首先是完成远动字校验字的检查，如果校验字正确，则进行信息字的拆分、点号的对应。如检验不合格，该远动字被丢弃。如果连续好几个字出错，可能是同步问题，因此如连续出错的字数超过规定值，可令串行通信接口进入搜索同步状态，重新捕捉同步。

四、接收信息的处理

收到的远动数据按通信规约的规定，按点号分为遥测、遥信，分别加以处理。

对于遥测字，遥测处理程序从收到的遥测字中取出每个遥测量的数值，并确定其极性；对二进制数还需转换成 BCD 码，同时根据转换系数，还原遥测数据；如有越限，还要输出越限报警信号；最后把数据依次存入内存的指定区进行进一步处理。遥测量在需要时也可进行合理性校验和变化率校验等。合理性校验是检查遥测量的数值是否在合理范围之内。变化率校验是检查前后两次遥测值之差是否合乎一般规律。

对于遥信量的处理是从收到的遥信远动字中取出 32 位遥信信息，依次送入内存的遥信数据区。通过将信息传送给调度后台计算机系统，遥测、遥信等远动信息将被进一步处理。

第四章
远动通信规约及其应用

第一节　电力信息传输规约概况

电力系统调度是采用分层管理模式，有各级管理机构和调度部门。随着全国电力系统联网工程的逐步实施，电力市场的启动，使电力系统调度运行所需的信息不但数量巨大，传输路径交叉、复杂，而且要求高实时性和高可靠性。为此，其信息传输方式已从过去点对点、点对多点等远动链路结构发展为今天的数据网络通信。电力系统信息从远动终端和向上一级调度端传输时，通信双方必须遵守同一通信规则。在电力系统中，为了使各制造厂生产的设备和系统能够方便地相互连接和交换信息，人们努力追求制定能为大家接受的标准通信协议。多年来，国际和国内标准化组织都做了大量工作，在电力系统信息传输中执行国际、国家标准和电力行业标准是非常重要的。

由于电力系统对实时性、可靠性的特殊要求，国际电工委员会（IEC）制定的"远动设备和系统第五部分通信规约"，即 IEC 60870-5 系列国际标准成为电力信息传输规约的基础。

一、远动规约系列

传统的远动通信规约不分层，而 IEC 60870-5 系列远动通信规约则分为物理层、链路层和应用层。网络层、传输层、会话层和表示层都为空，应用层直接映射到链路层，且应用层采用无连接方式。其中的 IEC 60870-5-101 用于常规远动（已被我国确定为非等同采用的电力行业标准），是一种典型的问答式远动规约。

IEC 60870-5 传输规约包括以下内容。

① IEC 60870-5-1 （1990）传输帧格式。

② IEC 60870-5-2 （1992）链路传输规则。

③ IEC 60870-5-3 （1992）应用数据的一般结构。

④ IEC 60870-5-4 （1992）应用信息元素的定义和编码。

⑤ IEC 60870-5-5 （1995）基本应用功能。

⑥ IEC 60870-5-101 （1995）远动设备和系统：第 5 部分，传输规约：

101 篇，基本远动任务配套标准。

⑦ IEC 60870-5-102（1996），传输规约：102篇，电力系统中电能累计量传输配套标准。

⑧ IEC 60870-5-103（1997），传输规约：103篇，继电保护设备信息接口配套标准（已被我国等同采用为电力行业标准）。

⑨ IEC 60870-5-104（1998），传输规约：104篇，网络远动任务的配套标准，规约的名称为"用标准传送文件集的 IEC 60870-5-101 网络访问"。104 规约本身是国际电工委员会（IEC）为了满足 IEC 60870-5-101 远动通信规约用于以太网实现而制定的，它将 IEC 60870-5-101 用在 TCP/IP 网络协议之上。

二、通信规约的应用分析

1. 循环式远动规约 DL 451—1991

当通信结构为点对点或点对多点等远动链路结构时，亦即从厂站端向调度端进行信息传输时，可采用电力行业标准 DL 451—1991 循环式远动规约。该规约是我国自行制定的第一个远动协议。一般采用标准的计算机串行口进行数据传输，采用同步传输、循环发送数据的方式。其特点是接口简单、传输方便，因而得到了广泛的应用。但由于该协议传输信息量少（仅能传输 256 路遥测、512 路遥信、64 路遥脉即 64 路脉冲计数值），且不能传输全部保护信息，因此难以适应现代变电站自动化技术的要求。

2. 基本远动任务配套标准 IEC 60870-5-101（1995）

IEC 60870-5-101 一般用于变电站远动设备 RTU 和调度计算机系统之间，能够传输遥测、遥信、遥脉、遥控、保护事件信息、保护定值、录波等数据。该标准规定了电网数据采集和监视控制系统（SCADA）中主站和子站（远动终端）之间以问答方式进行数据传输的帧格式、链路层的传输规则、服务原语、应用数据结构、应用数据编码、应用功能和报文格式。它适用于传统远动的串行通信工作方式，一般应用于变电站与调度所的信息交换，网络结构多为点对点的简单模式或星形模式。其传输介质可为双绞线、电力线载波和光纤等，一般采用点对点方式传输，信息传输采用非平衡方式或平衡方式（主动循环发送和查询结合的方法）。该规约传输数据容量是 CDT 规约的数倍，可传输变电站内包括保护和监控的所有类型信息，因此可满足变电站自动化的信息传输要求。目前已经作为我国电力行业标准（即 DL/T 634—1997）推荐采用，且得到了广泛的应用，该协议也被推荐用于配电网自动化系统进行信息传输。作为国家电力行业新的远动标准，101 规约将在今后的一段时间内逐步被贯彻，取代原先部颁 CDT 规约的地位。

3. 网络型远动任务配套标准 IEC 60870-5-104

IEC 60870-5-104 是将 IEC 60870-5-101 和由 TCP/IP（传输控制协议/以太网协议）提供的传输功能结合在一块，可以说是网络版的 101 规约，是将 IEC 60870-5-101 以 TCP/IP 的数据包格式在以太网上传输的扩展应用。

4. 电能量传输配套标准 IEC 60870-5-102

当变电站电能量累计终端和远方电费计量系统之间信息传输时，可采用 IEC 60870-5-102（1996）电力系统中传输电能脉冲计数量配套标准。IEC 60870-5-102 主要应用于变电站电量采集终端和电量计费系统之间传输实时或分时电能量数据。该规约支持点对点、点对多点、多点星形、多点共线、点对点拨号的传输网络。传输仅采用非平衡方式（某个固定的站址为启动站或主站）。该标准目前已经在电能量计费系统中广泛应用。

5. 继电保护设备信息接口配套标准 IEC 60870-5-103

当变电站自动化系统继电保护设备和监控系统之间通信时，可采用 IEC 60870-5-103（1997）继电保护设备信息接口配套标准。IEC 60870-5-103 是将变电站内的保护装置接入远动设备的规约，用以传输继电保护的所有信息。该规约的物理层采用光纤传输，也可以变通为采用 EIA-RS-485 标准的双绞线传输。该规约采用两种方法来描述数据：一是应用服务，采用固定的格式按序号来定义数据属性；二是采用通用服务，按数据的分类属性描述数据。该规约的特点是详细地描述了遥测、遥信、遥脉、遥控、保护事件信息、保护定值、录波等数据传输格式和传输规则，可以满足变电站传输保护和监控的信息。

IEC 60870-5-101 和 IEC 60870-5-103 规约可独立使用，也可结合使用。由于两规约定义了相同的数据结构，仅传输规则有所不同，故在变电站和调度系统之间可实现间接信息传输（调度通过变电站的通信机取得测控装置的信息）或直接信息传输（调度通过测控装置直接取得信息）。

6. 变电站网络与通信协议标准 IEC 61850 介绍

当前电力系统中，对变电站自动化的要求越来越高，变电站自动化系统在实现控制、监视和保护功能的同时，为了实现不同厂家的设备达到信息共享，使变电站自动化系统成为开放系统，还应具有互操作性。为方便变电站中各种 IED 的管理以及设备间的互联，就需要一种通用的通信方式来实现。IEC 61850 提出了一种公共的通信标准，通过对设备的一系列规范化，使其形成一个规范的输出，实现系统的无缝连接。

IEC 61850 标准是基于通用网络通信平台的变电站自动化系统唯一国际

标准，它是由国际电工委员会第 57 技术委员会（IECTC57）的 3 个工作组 10、11、12（WG10/11/12）负责制定的。此标准参考和吸收了已有的许多相关标准，其中主要有 IEC 870-5-101 远动通信协议标准、IEC 870-5-103 继电保护信息接口标准等。变电站通信体系 IEC 61850 将变电站通信体系分为 3 层：变电站层、间隔层、过程层，适应分层的 IED 和变电站自动化系统。在变电站层和间隔层之间的网络采用抽象通信服务接口映射到制造报文规范（MMS）、传输控制协议/网际协议（TCP/IP）以太网或光纤网。在间隔层和过程层之间的网络采用单点向多点的单向传输以太网。变电站内的智能电子设备（IED）均采用统一的协议，通过网络进行信息交换，满足实时信息传输要求的服务模型，以适应网络技术的应用与发展。

IEC 61850 共包括 10 个部分内容。分别为：

① 基本原则，包括 IEC 61850 的概述；

② 术语，给出了 IEC 61850 文档中涉及术语的定义；

③ 一般要求，详细说明一般系统对质量（可靠性、系统有效性、可维护性、安全、数据整合以及网络要求等）和环境（温度、湿度、大气压、机械和振动等）的要求；

④ 系统和工程管理，包括工程要求（参数类型、工程工具、灵活性和可扩展性、伸缩性、工程文件等）、系统生命周期（产品版本要求、工程交接、工程交接后的支持）和品质保证（责任划分、测试设备、品质测试等）；

⑤ 功能和设备模型的通信要求，包括几个概念的解释，如功能、设备、IED、逻辑节点、逻辑连接、通信信息片等的组成部分和属性；功能定义的规则和分类；逻辑节点的分配和交互等；

⑥ 变电站自动化系统配置描述语言，包括 SCL 对象模型，配置描述文件和 SCL 语法等；

⑦ 变电站和馈线设备的基本通信结构，包括原理和模型抽象通信服务接口、公共数据类、兼容逻辑节点类和数据类；

⑧ 特殊通信服务映射（SCSM），变电站层和间隔层的映射；

⑨ 特殊通信服务映射，间隔层和过程层间的映射；

⑩ 一致性测试。

由以上 10 个部分可见，IEC 61850 与以往变电站自动化系统通信协议不同，除了定义变电站自动化系统的通信要求和数据交换外，还对整个系统的通信网络和体系结构、对象模型、项目（组织、配置、文档和安全运行）管理控制、测试方法等进行了全面详尽的描述和规范。这 10 个部分主要围绕 4 个方面：变电站自动化应用域的功能模型（IEC 61850-5 部分）、变电站自动化系统数据模型及服务（IEC 61850-7 部分）、变电站自动化系统通信剖面（IEC 61850-8-1、IEC 61850-91、IEC 61850-92 部分）、以及基于 XML 的变电站配置描述语言 SCL（IEC 61850-6 部分）。

IEC 61850 具有如下 5 个特点。

① 信息分层。变电站通信网络和系统协议 IEC 61850 标准草案提出了变电站内信息分层的概念，无论从逻辑概念上还是从物理概念上，都将变电站的通信体系分为 3 个层次，即变电站层（第 2 层）、间隔层（第 1 层）、过程层（第 0 层），在变电站层和间隔层之间的网络采用抽象通信服务接口映射到制造报文规范（MMS）、传输控制协议/网际协议（TCP/IP）以太网或光纤网。在间隔层和过程层之间的网络采用单点向多点的单向传输以太网。IEC 61850 标准中没有继电保护管理机，变电站内的智能电子设备（IED，测控单元和继电保护）均采用统一的协议，通过网络进行信息交换。除此之外，每个物理装置又由服务器和应用组成。由 IEC 61850 来看，服务器包含逻辑装置，逻辑装置包含逻辑节点，逻辑节点包含数据对象、数据属性。这种分层，需要有相应的抽象服务来实现数据交换，这就是 IEC 61850 的另一个特点：抽象通信服务接口（ACSI）。

② 采用与网络独立的抽象通信服务接口（ACSI）。由于电力系统生产的复杂性，信息传输的响应时间的要求不同，在变电站自动化系统实现的过程中可能采用不同类型的网络。IEC 61850 总结了电力生产过程特点和要求，归纳出电力系统所必需的信息传输的网络服务，设计出抽象通信服务接口，它独立于具体的网络应用层协议（例如目前采用的 MMS），和采用的网络（例如现在采用的 IP）无关。如果采用的网络类型有变化，这时只要改变相应的特定通信服务映射（SCSM）就可以了，而无需改变上层的任何内容，IEC 61850 采用抽象通信服务接口很容易适应这种变化，大大提高了网络适应能力。

③ 面向对象、面向应用开放的自我描述。在数据源就对数据本身进行自我描述，传输到接收方的数据都带有自我说明，马上可建立数据库，使得现场验收的验证工作大为简化。不需要再对数据进行工程物理量对应、标度转换等工作。由于数据本身带有说明，所以传输时可以不受预先定义限制，简化了对数据的管理和维护工作。自我描述能显著降低数据管理费用，简化数据维护，减少由于配置错误而引起的系统停机时间。为此，IEC 61850 标准提供了一整套面向对象的数据自描述方法。

a. IEC 61850 对象名称。标准定义了采用设备名、逻辑节点名、实例编号和数据类名建立对象名的命名规则。

b. IEC 61850 通信服务。标准采用面向对象的方法，定义了对象之间的通信服务，比如，获取和设定对象值的通信服务，取得对象名列表的通信服务，获得数据对象值列表的服务等。

④ 数据对象统一建模。IEC 61850 标准采用面向对象的建模技术，定义了基于客户机/服务器结构数据模型。每个 IED 包含一个或多个服务器，每个服务器本身又包含一个或多个逻辑设备。逻辑设备包含逻辑节点，逻辑节点包含数据对象。数据对象则是由数据属性构成的公用数据类的命名实例。从通信而言，IED 同时也扮演客户的角色。任何一个客户可通过抽象通信服务接口（ACSI）和服务器通信可访问数据对象。

⑤ 电力系统的配置管理。由于 IEC 61850 提供了直接访问现场设备，对各个制造厂的设备用同一种方法进行访问。这种方法可以用于重构配置，很容易获得新加入设备的名称并用于管理设备属性。因此 IEC 60870-6（TASE.2）和 IEC 60870-5 系列一样是属于面向点的，而 IEC 61850 是面向设备的。

由于网络技术的迅猛发展，提供了通过网络交换数据的可能性。随着电力市场的兴起和电力系统的扩大，信息量越来越大，要求在各种自动化系统内快速、准确地集成，合并和传播从发电厂到用户接口的实时信息。IEC 61850 作为制定电力系统远动无缝通信系统基础能大幅度改善信息技术和自动化技术的设备数据集成，减少工程量、现场验收、运行、监视、诊断和维护等费用，节约大量时间，增加了自动化系统使用期间的灵活性。它解决了变电站自动化系统产品的互操作性和协议转换问题。采用该标准还可使变电站自动化设备具有自描述、自诊断和即插即用的特性，极大地方便了系统的集成，降低了变电站自动化系统的工程费用。在我国采用该标准系列将大大提高变电站自动化系统的技术水平，提高变电站自动化系统安全稳定运行水平，节约开发、验收、维护的人力物力，实现完全的互操作性。

IEC 61850 在国外已经研究的非常成熟，SIEMENS、ABB 等公司已推出了符合 IEC 61850 的变电站自动化系统的产品。所以，基于上述 IEC 61850 的特点和意义，对于国内电力系统自动化领域来说，为电力系统自动化产品的"统一标准、统一模型、互联互放"的格局打下了基础，使变电站信息建模标准化成为可能，为实施信息共享具备了条件。使用符合 IEC 61850 标准的产品将是变电站自动化系统的发展趋势。

第二节　远动信息传输的循环式传输规约

在远距离数据通信中。为了保证通信双方能有效、可靠和自动地通信，在发送端和接收端之间规定了一系列约定和顺序，这种约定和顺序称为通信规约（或通信协议）。通信规约是通信实体间进行数据交换的协议。规约规定怎样开始、结束通信，谁管理通信，怎样传输信息，数据是怎样表示与保护的，工作机理，支持的数据类型、命令，怎样检测、纠正错误等内容。只有规约统一以后，不论哪一个制造厂生产这些设备，只要符合这种通信规约，它们之间便可以顺利地进行通信。这对调度自动化系统的建设、运行、维护和发展都是有利的。循环式传输规约也称 CDT 规约。

先看一帧 CDT 报文：

EB90EB90EB90 71611 D000073 0026042D01 AE···.

问题：这帧是什么报文？每帧为什么以三组 EB90H 开头？发送和接收站地址是多少？有多少信息内容？信息序号是多少？各信息值是多少？信息是否有效等。要知道这些，首先需学习 CDT 规约特点，需要掌握 CDT 规约帧结构、信息字结构和传输规则。

CDT 规约特点可以描述为：CDT 规约适用于点对点通道结构的两点之间通信，信息传递采用循环同步的方式。CDT 规约是一个以厂站端为主动的远动数据传输规约。在调度中心与厂站端的远动通信中，厂站端周而复始地按一定规则向调度中心传送各种遥测、遥信、数字量、事件记录等信息。调度中心也可以向厂站端传送遥控、遥调命令以及时钟对时等信息。CDT 传送信息时，发送端和接收端之间连续不断地发送和接收，始终占用通道；采用 CDT 规约，信息发送方不考虑信息接收方接收是否成功，仅按照确定的顺序组织发送，通信控制简单。

一、帧结构

按 1991 年 11 月部颁的循环式远动规约 DL 451—1991 要求，远动信息的帧结构如图 4-1 所示。每帧远动信息都以同步字开头，并有控制字，除少数帧外均应有信息字。信息字的数量依实际需要设定，因此帧的长度是可变的。但同步字、控制字和信息字都由 48 位二进制数组成，字长不变。

同步字	控制字	信息字1	···	信息字*n*	同步字	···

图 4-1 循环式远动规约的帧结构

同步字标明一帧的开始，它取固定的 48 位二进制数。为了保证同步字在通道中的传送顺序为三组 EB90H（1110 1011 1001 0000 共 48 位），按照 CDT 规约的传输规则，写入串行口的同步字为三组 D709H（1101 0111 0000 1001）。如图 4-2 所示。

控制字由 6 个字节组成，它们是控制字节、帧类别、信息字数 n、源站址、目的站址和校验码字节，见图 4-3。其中第 2～5 字节用来说明这一帧信息属于什么类别的帧，包含多少个信息字、发送信息的源站址号和接收信息的目的站址号。

D7H (11010111B)
09H (00001001B)
D7H (11010111B)
09H (00001001B)
D7H (11010111B)
09H (00001001B)

图 4-2　同步字排列格式

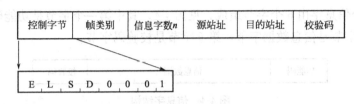

图 4-3　控制字和控制字节的组成

控制字的第一个字节即控制字节的 8 位，后 4 位固定取 0001，前四位分别为扩展位 E，帧长定义位 L，源站址定义位 S 和目的站址定义位 D。前 4 位用来说明控制字中第 2～5 字节。扩展位 E＝0 时，控制字中帧类别字节的代码，取本规约已定义的帧类别，见表 4-1；E＝1 表示帧类别代码可以根据需要另行定义，以满足扩展功能的要求。帧长定义位 L＝0，表示控制字中信息字数 n 字节的内容为 0，即本帧没有信息字；L＝1 表示本帧有信息字，信息字的个数等于控制字中信息字数 n 字节的值。源站址定义位 S 和目的站址定义位 D 不能同时取 0，若同时为 0，则控制字中的源站址字节和目的站址字节无意义。在上行信息中，S＝1 且 D＝1 时，表示控制字中源站址

表 4-1　帧类别代码定义表

帧类别代码	定　义		帧类别代码	定　义	
	上行 E＝0	下行 E＝0		上行 E＝0	下行 E＝0
61H	重要遥测(A 帧)	遥控选择	57H		设置命令
C2H	次要遥测(B 帧)	遥控执行	7AH		设置时钟
B3H	一般遥测(C 帧)	遥控撤销	0BH		设置时钟校正值
F4H	遥信状态(D1 帧)	升降选择	4CH		召唤子站时钟
85H	电能脉冲计数值(D2 帧)	升降执行	3DH		复归命令
26H	事件顺序记录(E 帧)	升降撤销	9EH		广播命令

字节的值是信息始发站的站号，即子站站号，目的站址字节的值代表主站站号。在下行信息中，S＝1且D＝1时，表示源站址字节的值代表主站站号，目的站址字节的值代表信息到达站的子站站号；若S＝1但D＝0表示目的站址字节的内容为FFH，此时是主站发送广播命令，所有站同时接收并执行此命令。

二、信息字结构

每个信息字由6个字节组成，见图4-4。其中第一个字节是功能码字节，第2～5字节是信息数据字节，第6字节是校验码字节。

功能码	信息数据	校验码

图 4-4 信息字结构

功能码字节的8位二进制数可以取256种不同的值，对不同的信息字其功能码的取值范围不同。功能码的分配情况见表4-2。

表 4-2 功能码分配表

功能码代码	字数	用途	信息位数	功能码代码	字数	用途	信息位数
00H～7FH	128	遥测	16	E3H	1	遥控撤销(下行)	32
80H～81H	2	事件顺序记录	64	E4H	1	升降选择(下行)	32
82H～83H		备用		E5H	1	升降返校	32
84H～85H	2	子站时钟返送	64	E6H	1	升降执行(下行)	32
86H～89H	4	总加遥测	16	E7H	1	升降撤销(下行)	32
8AH	1	频率	16	E8H	1	设置命令(下行)	32
8BH	1	复归命令(下行)	16	E9H	1	备用	
8CH	1	广播命令(下行)	16	EAH	1	备用	
8DH～92H	6	水位	24	EBH	1	备用	
A0H～DFH	64	电能脉冲计数值	32	ECH	1	子站状态信息(下行)	8
E0H	1	遥控选择(下行)	32	EDH	1	设置时钟校正值(下行)	32
E1H	1	遥控返校	32	EEH～EFH	2	设置时钟	64
E2H	1	遥控执行(下行)	32	F0H～FFH	16	遥信	32

信息字可以分为上行信息字和下行信息字。从表4-2可以看出，上行信息字包括遥测、总加遥测、电能脉冲计数值、事件顺序记录、水位、频率、子站时钟返送和子站状态信息等。下行信息字包括遥控命令、升降命令、设定命令、复归命令、广播命令、设置时钟命令和设置时钟校正值命令等。不

同的信息字除功能码取值范围不相同外，信息字中第 2～5 字节（信息数据字节）的各位含义不一样。这里仅以遥测信息字和遥信信息字为例说明。

遥测信息字的格式如图 4-5 所示。它们的功能码取值范围是 00H～7FH，每个遥测信息字传送两路遥测量，所以遥测的最大容量为 256 路。图中 b11～b0 传送一路遥测量的值，以二进制码表示。其中 b11 表示遥测量的符号位，b11 取 0 时，遥测量为正；b11 取 1 时，遥测量为负，其值为二进制补码。b14＝1 表示溢出。b15＝1 表示数无效。

	功能表 (00H～7FH)	Bn字节	遥测信息字格式说明：
遥测*i*	b7···b0	Bn+1	(1)每个信息字传送两路遥测量
	b15···b8	Bn+2	(2)b11～b0传送一路模拟量,以二进制码表示。b11=0时为正数。b11=1时为负数,以2的补码表示负数
遥测*i*+1	b7···b0	Bn+3	
	b15···b8	Bn+4	(3)b14=1表示溢出,b15=1时表示数无效
	校验码	Bn+5	

图 4-5 遥测信息字格式

【例 4-1】 某报文：EB90EB90EB90 71611D000073 0026042D01AE…

报文分析：每帧 3 组 EB90H 同步码开始。71611D000073 为控制字；71H 为 01110001 控制字中的控制字节，61H 为重要遥测（A 帧）报文，1DH 代表其后紧接着有 29 个信息字，该帧有 29×2＝58 个遥测，00 00 代表主站地址为 0，子站地址也为 0；73 为前面 5 个字节的 CRC 校验码。0026042D01AE 为信息字；00 遥测发送序号 0 开始，第一个遥测 0426H，第二个遥测 012DH，AE 为前面 5 个字节的 CRC 校验码。

遥信信息字的格式如图 4-6 所示。它们的功能码取值范围是 F0H～FFH，每个遥信信息字传送两个遥信字。一个遥信字包含 16 个状态位，所以遥信的最大容量为 512 路。当遥信信息字中的状态位 bi＝0 时，表示断路器或隔离开关状态为断开、继电保护未动作；bi＝1 表示断路器或隔离开关状态为闭合、继电保护动作。

	功能表(F0H～FFH)	Bn字节	遥信信息字格式说明：
遥信字*i*	b7···b0	Bn+1	(1) 每个遥信位含16个状态位
	b15···b8	Bn+2	(2) 状态位定义:bi=0表示断路器或刀闸状态为断开、继电保护未动作;bi=1表示断路器或刀闸状态为闭合、继电保护动作
遥信字*i*+1	b7···b0	Bn+3	
	b15···b8	Bn+4	
	校验码	Bn+5	

图 4-6 遥信信息字格式

【例4-2】 某报文：EB90EB90EB90 71F4100101E8 F0011800004A···

报文分析： 每帧 3 组 EB90H 同步码开始。71F4100101E8 为控制字。71H 为 01110001 控制字中的控制字节，F4H 为遥信状态（D1 帧）报文，10H 代表其后紧接着有 16 个信息字，该帧有 16×32＝512 个遥信，01 01 代表主站地址为 1，子站地址也为 1；E8 为前面 5 个字节的 CRC 校验码。

F0 遥测发送序号 0 开始，第一组遥信 0118H 的二进制为 0000000100011000，第 7、第 11、第 12 个遥信状态为合，其余为分状态，第二组遥信 0000H 的二进制为 0000000000000000，表明这 16 个遥信为全分状态，4A 为前面 5 个字节的 CRC 校验码。

【例4-3】 某报文：

EB	90	EB	90	EB	90	71	61	12	4D	00	86
E1	CC	06	CC	06	9A	E1	CC	06	CC	06	9A
E1	CC	06	CC	06	9A	03	00	00	00	00	59
04	0C	00	0C	00	64	05	0C	00	00	00	FA
06	00	00	00	00	B4	07	00	00	00	00	D6
08	00	00	00	00	E6	09	00	00	00	00	84
0A	00	00	00	00	22	0B	00	00	00	00	40
0C	00	00	00	00	69	0D	00	00	00	00	0B
0E	00	00	00	00	AD	0F	00	00	00	00	CF
10	00	00	00	00	CD	11	00	00	00	00	AF

报文分析： 在此报文中，EB 90 EB 90 EB 90 为同步字；71 61 12 4D 00 86 为控制字，71 为控制字节，二进制为 01110001，根据控制字的组成（ELSD0001），其中 E 表示扩展位；L 表示帧长定义位；S 表示源站址定义位；D 表示目的站址定义位。

扩展位 E＝0 时，控制字中帧类别字节的代码，取本规约已定义的帧类别，见表 4-1；E＝1 表示帧类别代码可以根据需要另行定义，以满足扩展功能的要求。帧长定义位 L＝0，表示控制字中信息字数 n 字节的内容为 0，即本帧没有信息字；L＝1 表示本帧有信息字，信息字的个数等于控制字中信息字数 n 字节的值。由于本帧为上行信息，在上行信息中，S＝1 表示控制字中源站址有内容，源站址字节即代表信息始发站的站号，即子站站号；D＝1，目的站址字节代表主站站号。

从控制字的帧类别代码 61 可知，其余主要为重要遥测信息字，从控制字的信息字数 12 可知该报文共计 18 个信息字，信息字来自于源站址 4D，表示 RTU 站号为 4D，即 77 号站，且信息字传送到代码为 00 的设备，本例主站号定义为 0。86 为校验码。

在第一个信息字 E1 CC 06 CC 06 9A 中，根据信息字的格式，E1 为功能码，根据 E1 的功能码定义，该信息为遥控返校码；CC 06 CC 06 为信息数据，9A 为校验码。

三、帧的组织方式

在循环式远动规约中，远动信息按其重要性和实时性要求，分为五种不同的帧：A 帧、B 帧、C 帧、D 帧（D1 帧与 D2 帧）和 E 帧。这些帧在循环时间上有不同要求，所以应正确安排各种帧的传送顺序，并控制一帧中信息字的数量。

上行信息的优先级排列顺序和传送时间要求如下：子站收到主站召唤子站时钟命令后，在上行信息中优先插入两个返送信息字，即子站时钟信息字和等待时间信息字，插入传送一遍；变位遥信和子站工作状态变化信息，以信息字为单位优先插入传送，连送三遍，并要求在 1s 内送到主站；遥控、升降命令的返送校核信息，以信息字为单位插入传送，连送三遍；重要遥测量安排在 A 帧传送，循环时间不大于 3s；次要遥测量安排在 B 帧传送，循环时间一般不大于 6s；一般遥测量安排在 C 帧传送，循环时间一般不大于 20s；遥信状态信息，包含子站工作状态信息，安排在 D1 帧定时传送；电能脉冲计数值安排在 D2 帧定时传送；事件顺序记录安排在 E 帧，以帧插入方式传送三遍。D1、D2 帧传送的是慢变化量，以几分钟至几十分钟的周期循环传送。E 帧传送的事件顺序记录是随机量，同一个事件顺序记录应分别在三个 E 帧内重复传送三次。

下行命令的优先级排列如下：召唤子站时钟、设置子站时钟校正值、设置子站时钟；遥控选择、执行、撤销命令；升降选择、执行、撤销命令；设定命令；广播命令；复归命令。下行命令是按需要传送，非循环传送。当下行通道中不发命令时，应连续发送同步码。

在满足规定的循环时间前提下，帧系列可以根据要求任意组织。对于 A 帧、B 帧、C 帧、D1 帧、D2 帧，可以按要求的循环时间，固定各帧的排列顺序循环传送。如按 ABACABACABAD1 ABACABACABAD2 的顺序循环。对 E 帧在需要传送时，可以用帧插入方式将 E 帧插入到原来的帧系列中，取代原有的某一帧传送，如图 4-7 所示。图示的帧系列中无 C 帧，D1 帧、D2 帧在方框处传送，D1 帧循环次数为 D2 帧两倍，E 帧取代 A 帧传送三次。变位遥信，对时的子站时钟返送信息，遥控、升降命令的返校信息是以信息字为单位的。当需要返送时，是将信息字插入到原来帧系列中的某一帧里面传送。如果插入到 A 帧、B 帧、C 帧、D1 帧或 D2 帧中，插入的信息字将取代原来的信息字，保持原来的帧长度不变；如果插入到 E 帧，则应在 SOE 完整字之间插入，不取代原来的 SOE 字，使帧的长度变化，如图4-8 和图 4-9 所示。

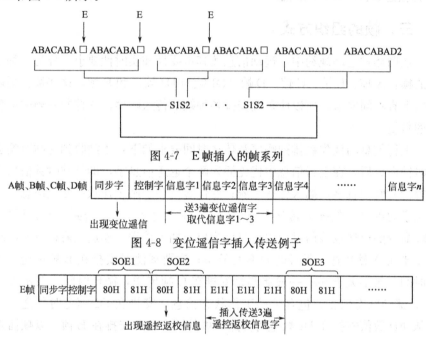

图 4-7　E 帧插入的帧系列

图 4-8　变位遥信字插入传送例子

图 4-9　遥控返校信息字插入传送例子

【例 4-4】 某报文：

EB	90	EB	90	EB	90	71	61	12	4D	00	86
00	00	00	00	00	FF	01	00	00	00	00	9D
02	00	00	00	00	3B	03	00	00	00	00	59
04	0C	00	0C	00	64	05	0C	00	00	00	FA
06	00	00	00	00	B4	07	00	00	00	00	D6
08	00	00	00	00	E6	09	00	00	00	00	84
0A	00	00	00	00	22	0B	00	00	00	00	40
0C	00	00	00	00	69	0D	00	00	00	00	0B
F0	98	00	00	01	17	F0	98	00	00	01	17
F0	98	00	00	01	17	11	00	00	00	00	AF

报文分析： 在此报文中，EB　90　EB　90　EB　90 为同步字；71　61　12　4D　00　86 为控制字；F0　98　00　00　01　17 为变位的遥信字，正常传送的报文，当传送到第 14 个信息字时，系统发生遥信变位，遥

信变位信息要优先插入传送，所以在遥测报文中优先插入传送 3 遍变位的遥信信息后，再继续遥测信息的正常传送。

【例 4-5】 某报文：

```
EB  90  EB  90  EB  90  71  61  10  2D  00  A5
E1  CC  06  CC  06  9A  E1  CC  06  CC  06  9A
E1  CC  06  CC  06  9A  03  00  00  00  00  59
04  0C  00  0C  00  64  05  0C  00  00  00  FA
06  00  00  00  00  B4  07  00  00  00  00  D6
08  00  00  00  00  E6  09  00  00  00  00  84
0A  00  00  7A  00  02  0B  3C  00  86  00  C9
0C  57  00  28  00  F1  0D  5D  00  57  00  6E
0E  2E  00  63  00  6D  0F  00  00  00  00  CF
```

报文分析： 在此报文中，EB 90 EB 90 EB 90 为同步字；71 61 10 2D 00 A5 为控制字；在信息的起始部分插入了遥控返校信息（E1 CC 06 CC 06 9A），优先插入传送 3 遍。遥控返校信息是主站完成子站的遥控命令后，子站向主站传送的返校信息。E1 CC 06 CC 06 9A 中的 E1 位遥控返校功能码，CC 表示"合闸"，06 表示设备编号，最后的 9A 仍然为校验码。功能码 03～0F 的信息字表示为遥测信息。

【例 4-6】 某报文：

```
EB  90  EB  90  EB  90  71  61  20  01  01  11  00  00
00  00  00  FF  01  00  00  00  00  00  9D  02  00  00  00
00  3B  03  00  00  00  00  59  04  00  00  00  00  70
05  00  00  00  00  12  06  00  00  00  00  B4  07
00  00  00  D6  08  00  00  00  00  E6  09  00  00  00
00  84  0A  00  00  00  00  22  0B  00  00  00  00  40
0C  00  00  00  00  69  0D  00  00  00  00  0B  0E  00
00  00  00  AD  0F  00  00  00  00  CF  10  00  00
00  CD  11  00  00  00  00  AF  12  00  00  00  00  09
13  00  00  00  00  6B  14  00  00  00  00  42  15  00
00  00  00  20  16  00  00  00  00  86  17  00
00  E4  18  00  00  00  00  D4  19  00  00  00  00  B6
1A  00  00  00  00  10  1B  00  00  00  00  72  1C  00
00  00  00  5B  1D  00  00  00  00  39  1E  00  00  00
00  9F  1F  00  00  00  00  FD
```

报文分析：重要遥测（A 帧）：源地址＝1，目标地址＝1，信息字数＝32；点号＝0 值＝0 点号＝1 值＝0 点号＝2 值＝0 点号＝3 值＝0 点号＝4 值＝0…点号＝63 值＝0。

【例 4-7】 某报文：

EB	90	EB	90	EB	90	71	C2	20	01	01	D4	F0	18
01	00	00	4A	F0	18	01	00	00	4A	F0	18	01	00
00	4A	23	00	00	00	00	3D	24	00	00	00	00	14
25	00	00	00	00	76	26	00	00	00	00	D0	27	00
00	00	00	B2	28	00	00	00	00	82	29	00	00	00
00	E0	2A	00	00	00	00	46	2B	00	00	00	00	24
2C	00	00	00	00	0D	2D	00	00	00	00	6F	2E	00
00	00	00	C9	2F	00	00	00	00	AB	30	00	00	00
00	A9	31	00	00	00	00	CB	32	00	00	00	00	6D
33	00	00	00	00	0F	34	00	00	00	00	26	35	00
00	00	00	44	36	00	00	00	00	E2	37	00	00	00
00	80	38	00	00	00	00	B0	39	00	00	00	00	d2
3A	00	00	00	00	74	3B	00	00	00	00	16	3C	00
00	00	00	3F	3D	00	00	00	00	5D	3E	00	00	00
00	FB	3F	00	00	00	00	99						

报文分析：次要遥测（B 帧）；源地址＝1，目标地址＝1，信息字数＝32；变位遥信插帧上传：插帧上传 3 遍。

点号＝0 状态＝分 点号＝1 状态＝分 点号＝2 状态＝分 点号＝3 状态＝合…点号＝31 状态＝分（插帧上传 3 遍）。

点号＝70 值＝0 点号＝71 值＝0 点号＝72 值＝0 点号＝73 值＝0 点号＝74 值＝0…点号＝127 值＝0。

【例 4-8】 某报文：

EB	90	EB	90	EB	90	71	26	06	01	01	D6	80	B8
00	1A	34	19	81	0E	15	04	80	71	80	B8	00	1A
34	19	81	0E	15	04	80	71	80	B8	00	1A	34	19
81	0E	15	04	80	71								

报文分析：本报文的同步字为三组 EB90，控制字为 71 26 06 01 01 D6，其余为信息字。本报文为事件顺序记录（E 帧），连续传 3 遍，功能码 80 81 表示事件顺序记录；源地址＝1，目标地址＝1，信息字数＝6。图 4-10 为事件顺序记录信息字通用格式。

信息字对应如下：

80 B8 00 1A 34 19

功能码 1（80H），毫秒（低），毫秒（高），秒，分，校验码

毫秒＝184；秒＝26；分＝52；

81 0E 15 04 80 71

功能码 2（81H），时，日，对象号（低，即 b7b6b5b4b3b2b1b0），对象号（高，即 b15b14b13b12b11b10b9b8，b15＝1 表示开关状态为闭合或继电保护动作），校验码

时＝0EH，即 14 时；日＝15H，即 21 日；对象号（低）＝04H，点号＝4；对象号（高）＝80H，即 b15＝1 表示开关状态为闭合或继电保护动作状态

总体描述是：21 日 14 时 52 分 26 秒 184 毫秒，第 04 对象遥信状态位置闭合或继电保护动作。

功能码 1(80H)	Bn 字节	功能码 2(81H)		Bn 字节	事件顺序 记录信息格式
b7			b0		
毫秒(低) $2^7 2^6 2^5 2^4 2^3 2^2 2^1 2^0$	Bn+1	时 xxx$2^4 2^3 2^2 2^1 2^0$		Bn+1	说明： (1)功能码 1 与功能码 2 应成对，前者用 80H，后者用 81H。 (2)时间与对象号均用二进制码表示，最后第（Bn + 10）字节中 b15＝1 表示开关状态为闭合或继电保护动作，b15＝0 表示开关状态为断开或继电保护未动作
毫秒(高) xxxxxx$2^9 2^8$	Bn+2	日 xxx$2^4 2^3 2^2 2^1 2^0$		Bn+2	
秒 xx$2^5 2^4 2^3 2^2 2^1 2^0$	Bn+3	对象号(低) b7···b0		Bn+3	
分 xx$2^5 2^4 2^3 2^2 2^1 2^0$	Bn+4	b15 (合、分) xxx	对象号 (高) b11···b8	Bn+4	
校验码	Bn+5	校验码		Bn+5	

图 4-10 事件顺序记录信息字通用格式

第三节 远动信息传输的问答式传输规约

20 世纪 80 年代初期，国际电工委员会 IEC 成立了 TC57 技术委员会，开始制定电力自动化通信规约，已颁布的通信规约有 IEC 60870-5 系列远动通信规约体系、IEC 60870-6 系列计算机（控制中心）数据通信协议体系。IEC 60870-5 系列远动规约是电力系统 RTU 或现场自动装置与主站之间的远动通信规约。它遵循了 OSI 七层参考模型，规定了物理层、链路层以及应用层三个层次之间的通信标准。在 IEC 60870-5 基础上，制订了 IEC

60870-5-101、IEC 60870-5-102、IEC 60870-5-103 三个通信规约，分别适用于远动、电能计量、继电保护设备通信。IEC 60870-5-104 在 IEC 60870-5-101 的基础上增加了 TCP/IP 协议层次，以满足广域数据网络上两点之间进行对等通信的需要。

先看一段报文：

主站：68　0B　0B　68　73　1A　F6　64　01　06　1A　F6　00　00　14　12　16

从站：E5

主站：10　5B　1A　F6　6B　16

从站：68　0B　0B　68　08　1A　F6　64　01　07　1A　F6　00　00　14　A8　16

主站：68　0B　0B　68　73　1A　F6　65　01　06　1A　F6　00　00　05　04　16

从站：E5

主站：10　5B　1A　F6　6B　16

从站：68　0B　0B　68　08　1A　F6　65　01　07　1A　F6　00　00　05　9A　16

要能看懂这些报文，首先需学习问答式传输规约（POLLING 规约）特点，需要掌握 IEC 60870-5-101 规约帧格式和传输规则。

一、问答式传输规约特点

POLLING 规约是一个以控制中心为主动方的远动数据传输规约。厂站自动化系统只有在控制中心询问以后，才向发送方回答信息。控制中心按照一定规则向各个厂站自动化系统发出各种询问报文，厂站自动化系统按询问报文的要求以及厂站自动化系统的实际状态，向控制中心回答各种报文。控制中心也可按需要对厂站自动化系统发出各种控制报文，厂站自动化系统正确接收控制报文后，按要求输出控制信号，并向控制中心回答相应报文。

对于点对点和多个点对点的网络拓扑，厂站端产生事件时，厂站自动化系统可触发启动传输，主动向调度等控制中心报告事件信息。

POLLING 规约适用于网络拓扑是点对点。多个点对点、多点共线、多点环形或多点星形的远动系统，以及控制中心与一个或多个厂站端进行通信。通道可以是全双工或半双工，信息传输为异步方式，所规定的数据传输基本方式为 8 个数据位、1 个起始位和 1 个奇偶校验位。

POLLING 规约只在需要传送信息时才使用通道，因而允许多个厂站自动化系统分时共享通道资源。并且采用了防止报文丢失和重传技术，信息发送方考虑到接收方的接收成功与否，采用了防止信息丢失以及等待-超时-重发等技术，通信控制比较复杂。

二、报文分类

为了提高效率，通常遥信采用变位传送，遥测采用越阈值（即越死区）传送，因此对遥测量需要规定其死区范围。遥测量配有数字滤波，因而还要规定滤波系数。扫描周期、死区范围和滤波系数等参数应事先确定，使用时出主站给子站初始化时设定。问答式规约中主站与子站的通信项目可按功能来划分。

1. 主站发送的命令报文

主站向子站发送的命令大致可分为：

① 初始化设置参数类，设置扫描周期、设置死区数值及滤波系数等；

② 查询类，询问各种类别的远动数据情况等；

③ 管理控制类，控制 RTU 的投入或退出工作等；

④ 专用类，电源合闸确认以及遥控、诊断报文等。

主站发送的初始化设置参数类命令报文用于刚加电时，对 RTU 的参数进行初始化。它可以完成的功能是：设定 RTU 各模块工作方式；指定 RTU 的参数组号；设置 RTU 回答询问的报文中数据区的最大长度；设置 RTU 的时钟（年、月、日、时、分、秒）；向 RTU 发送模拟量的变化死区范围、扫描周期和滤波系数。

查询类命令报文用于主站查询 RTU 状态和要求 RTU 传送某些数据。它可以完成如下功能：对 RTU 按类别进行询问；召唤 RTU 的故障模块表；召唤 RTU 的事件顺序记录数据；询问 RTU 的参数组号和向 RTU 发送数据。

管理控制类命令报文用来对 RTU 的工作状态进行控制。其功能是：复位 RTU，启动 RTU 扫描；停止 RTU 扫描；对 I/O 模块中所指定的某些量停止扫描或恢复扫描。

专用类命令报文用来对 RTU 发来的电源合闸报文进行确认；诊断报文是通过发送和回答相同的报文类型，实现对通信链路中数据传输可靠性的检查。

2. 子站发送的命令报文

子站对主站的响应主要有两类，一类是对主站命令的简短响应，即肯定性确认或否定性确认；另一类是遵照主站命令回答相应的具体数据。

① 肯定确认报文表示已正确收到主站发来的命令，或主站询问的数据无变化。

② 否定确认报文表示未能正确收到主站送来的命令。

③ 主站按类别询问时，若数据有变化，子站就回答。对于有变化的数据按类别顺序依次传送，并标明其类型、模块地址、字地址，然后是数据。

④ 主站向子站召唤数据时，子站就对于模拟量、时标量（SOE信息）、脉冲计数量等按规定的相应的格式逐一顺序传送。

⑤ 子站收到主站的诊断报文命令后要回送报文，诊断报文回送数据段的内容就是收到的诊断报文命令中数据段的内容。

三、帧格式

主站与子站间的信息以帧的方式组织传输，采用异步式字节传输格式。标准中的帧格式有两种：具有可变帧长帧格式和固定帧长帧格式两种形式。可变帧长帧格式用于由主站向子站传输数据，或由子站向主站传输数据。固定帧长帧格式用于子站回答主站的确认报文，或主站向子站的询问报文。

1. 可变帧长帧格式

可变帧长帧格式以68H开头和16H结束，主要用于主站与子站之间的数据交换。可变帧格式如图4-11所示。

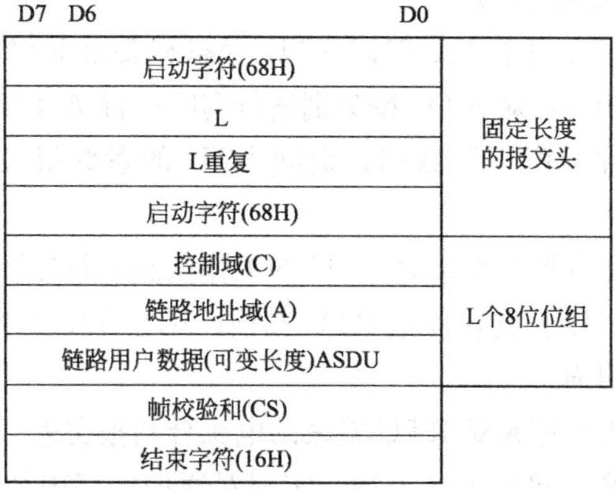

图 4-11　可变帧长帧格式

（1）报文头

由图4-11可见，帧包括由固定长度4个字节的报文头和由控制、地址、数据组成的信息实体以及校验码、结束字符组成。启动字符为固定的68H，两个取值均为L的8位位组，L的值等于帧格式中控制域、地址域、数据区共同占有的字节数。这种帧在线路上传输时，由第一个启动字符开始直至结束字符，每一个字符从低位至高位依次传送。

（2）控制域

在可变帧长或固定帧长的帧格式中，均具有控制域和地址域两栏，它们与CDT中的控制字相类似，是对本帧数据的总体描述，还包括数据流的控制。主站和子站之间的传输服务可以由主站触发，也可以由子站触发。帧格式中控制域和地址域的定义在主站触发的传输服务和子站触发的传输服务中略有不同。控制域的各位定义如图4-12所示。

D7	D6	D5	D4	D3 D2 D1 D0
0 DIR 传输方向位 1	1 PRM 启动报文位 0	帧计数位 FCB	帧计数 有效位 FCV	2^3 2^2 2^1 2^0 功能码
		要求方向位 ACD	数据流 控制位 DFC	

图 4-12　控制域的定义

在主站向子站传输报文中控制域（C）各位的定义如下。

① 传输方向位 DIR。DIR=0，表示报文是由主站向子站传输。

② 启动报文位 PRM。PRM=1，表示主站向子站传输，主站为启动站。

③ 帧计数位 FCB。在主站向同一个子站开始新一轮传输时改变取值状态（"1"变"0"或"0"变"1"），主站超时未收到子站回答或接收出现差错时，则主站不改变帧计数位（FCB）的状态，重复传送原报文，重复次数为3次。若主站正确收到子站报文，则该一轮的传输服务结束。复位命令的帧计数位常为0，帧计数有效位FCV=0。

④ 帧计数有效位 FCV。FCV=0表示帧计数位（FCB）的变化有效。

发送/无回答服务、重传次数为0的报文、广播报文时不需考虑报文丢失和重复传输，无需改变帧计数位（FCB）的状态，因此这些帧的计数有效位常为0。

⑤ 功能码。主站向子站传输的功能码定义见表4-3。

在子站向主站传输报文中控制域（C）各位的定义如下。

① 传输方向位 DIR。DIR=1表示报文是由子站向主站传输。

② 启动报文位 PRM。PRM=0表示子站向主站传输，子站为启动站。

③ 要求访问位 ACD。ACD=1表示子站希望向主站传输1级数据。

④ 数据流控制位 DFC。DFC=0表示子站可以继续接收数据。DFC=1表示子站数据区已满，无法接收新数据。

⑤ 功能码。子站向主站传输的功能码定义见表 4-4。

表 4-3 主站向子站传输的功能码

功能码序号	帧类型	业务功能	帧计数有效位状态 FCV
0	发送/确认帧	复位远方链路	0
1	发送/确认帧	复位远动终端的用户进程（撤销命令）	0
2	发送/确认帧	用于平衡式传输过程测试链路功能	—
3	发送/确认帧	传送数据	1
4	发送/无回答帧	传送数据	0
5		备用	—
6、7		制造厂和用户协商后定义	—
8	请求/响应帧	响应帧应说明访问要求	0
9	请求/响应帧	召唤链路状态	0
10	请求/响应帧	召唤用户 1 级数据①	1
11	请求/响应帧	召唤用户 2 级数据②	1
12、13		备用	—
14、15		制造厂和用户协商后定义	—

① 1 级数据包括事件和高优先级报文。

② 2 级数据包括循环传送或低优先级报文（如事件顺序记录）。

表 4-4 子站向主站传输的功能码

功能码序号	帧类别	功　能	功能码序号	帧类别	功　能
0	确认帧	确认	10		备用
1	确认帧	链路忙、未接收报文	11	确认帧	以链路状态或访问请求回答请求帧
2～5		备用	12		备用
6、7		制造厂和用户协商后定义	13		制造厂和用户协商后定义
8	响应帧	以数据响应请求帧	14		链路服务未工作
9	确认帧	无所召唤的数据	15		链路服务未完成

注：1. 主站召唤 1 级数据（遥信变位等），子站如有数据变化以响应帧回答。如响应帧一帧传不完这类变化数据，ACD＝1。

2. 主站召唤 2 级数据（如事件顺序记录），子站以事件顺序记录的响应帧回答。如响应帧一帧传不完全部事件顺序记录，继续用召唤 2 级数据报文召唤；如无事件顺序记录，以无所要求数据报文回答。

3. 主站召唤遥测、遥信全数据等，子站以相应报文作为响应回答。

（3）地址域（A）

地址域的 8 位位组在主站向子站传送的帧中，表示报文所要传送到的目的站址，即子站站址；当由子站向主站传送帧时，表示该报文发送的源站址，即该子站的站址。是子站即 RTU 的站号，通常由调度与变电站协商确定。地址域的值为 0～255，其中 FFH＝255 为广播站地址，即向所有站传送报文。

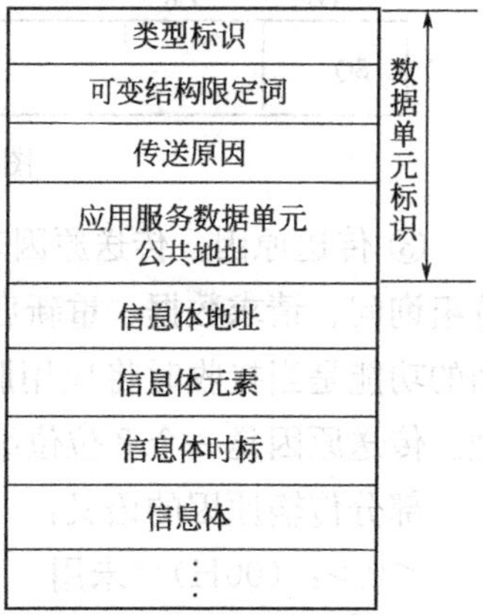

图 4-13 链路用户数据结构

（4）**链路用户数据**

可变帧长帧格式中，帧格式中的链路用户数据区又称应用服务数据单元，即报文的数据区。它由数据单元标识和一个或多个信息体组成。链路用户数据结构如图 4-13 所示。数据单元标识由类型标识、可变结构限定词、传送原因和应用服务单元的公共地址所组成，每一个项均为 8 位位组。信息体由信息体地址、信息体元素、信息体时标（如果有的话）组成。

① 类型标识。类型标识用来定义信息体的结构、类型和格式，也指明是否带有信息体时标。类型标识为一个 8 位位组，代表应用服务数据单元的类型。

类型标识的部分语义：

第一部分：在监视方向的过程部分信息：

＜1＞：（01H）＝单点信息　M_SP_NA_1

＜2＞：（02H）＝带时标的单点信息　M_SP_TA_1

＜3＞：（03H）＝双点信息　M_ME_NA_1

＜9＞：（09H）＝测量值，规一化值　M_DP_NA_1

＜10＞：（0AH）＝带时标的测量值，规一化值　M_DP_TA_1

＜20＞：（14H）＝带变位检出的成组单点信息　M_PS_NA_1

＜21＞：（15H）＝测量值，不带品质描述词的规一化值　M_ME_ND_1

第二部分：在控制方向的过程部分信息：

＜45＞：（2DH）＝单点命令　　C_SC_NA_1

＜49＞：（31H）＝设定值命令，规一化值　　C_SE_NB_1

＜100＞：（64H）＝总召唤命令　　C_IC_NA_1

＜103＞：（67H）＝时钟同步命令　　C_CS_NA_1

② 可变结构限定词。可变结构限定词表示信息体是按信息体地址顺序的（SQ＝1），还是非顺序的（SQ＝0），并表示信息体的个数。如信息体数目等于 0，则表示没有信息体。如图 4-14 所示。

图 4-14　可变结构限定词

③ 传送原因。传送原因表示的是周期传送、突发传送、总询问，还是分组询问、请求数据、重新启动、总启动、测试、确认、否定确认。传送原因的功能是当接收时将应用服务数据单元传送给特定的应用任务，便于处理。传送原因是一个 8 位位组，传送原因的代码可参见规约文本。

部分传输原因的语义：

＜0＞：（00H）＝未用

＜1＞：（01H）＝周期、循环

＜2＞：（02H）＝背景扫描

＜3＞：（03H）＝突发（自发）

＜4＞：（04H）＝初始化完成

＜5＞：（05H）＝请求或者被请求

＜6＞：（06H）＝激活

＜7＞：（07H）＝激活确认

＜8＞：（08H）＝停止激活

＜10＞：（0AH）＝激活终止

＜20＞：（14H）＝响应站召唤

＜21＞：（15H）＝向应第 1 组召唤

＜37＞：（25H）＝响应计数量站召唤

……

④ 应用服务数据单元公共地址。应用服务数据单元的公共地址为一个 8 位位组，它作为应用服务数据单元的寻址地址和一个应用服务数据单元的所有信息体联系在一起，地址分配由规约文本附录给出。应用服务数据单元的公共地址为：0 表示未用；1～254 表示应用服务数据单元寻址地址、站地址；255 表示广播地址。

⑤ 信息体地址。信息体地址为两个 8 位位组。信息体地址和应用服务数据单元的公共地址一起可以区分全部信息量，在一些应用服务数据单元没有用上信息体地址的话，信息体地址就为 0。

⑥ 信息体因素及信息体时标。信息体因素表示各种信息量，可以用一个或多个 8 位位组进行描述。若信息量是带时标的，则信息体因素之后紧跟信息体时标。

（5）帧校验和

帧校验和是控制域、地址域、用户数据区所有 8 位位组的算术和。

（6）帧结束字符

帧结束字符为 16H。

2. 固定帧长帧格式

固定帧长帧格式见图 4-15。由于帧长固定为 5 个 8 位位组，故报文中不用传送 L，

D7 D6　　　　　　　　　　　　　D0
启动字符(10H)
控制域(C)
链路地址域(A)
帧校验和(CS)
结束字符(16H)

图 4-15　固定帧长帧格式

且启动字符取 10H。控制域、链路地址域的含义同可变帧长帧格式。帧校验和是控制域、地址域的算术和（不考虑溢出位，即 256 模和）。结束字符为 16H。

四、报文传输规则

由主站触发的传输服务中，报文的传输分为发送/无回答传输服务、发送/确认传输服务及请求/响应传输服务。

① 发送/无回答传输服务用于主站向子站发送广播报文，子站收到报文后无需向主站回答。

② 发送/确认传输服务用于主站向子站设置参数和发送遥控、设点、升降和执行命令。当子站正确收到主站传送的报文时，子站立即向主站发送一个确认帧。若子站由于过载等原因不能接收主站报文时，子站则应传送忙帧给主站。主站在新一轮发送/确认传输服务时，帧计数位（FCB）改变状态。当从子站收到无差错的确认帧时，这一轮的发送/确认传输服务即告结束。若确认帧受到干扰或超时未收到确认帧，则主站不改变帧计数位的状态重发原报文，最多重发次数为三次。

③ 请求/响应传输服务用于主站向子站召唤数据，子站以数据或事件数据回答。子站接收到请求帧后，如有所请求的数据则发响应帧，如无所请求的数据则发否定的响应帧。每次新的一轮请求/响应服务，在主站端将帧计数位改变状态。主站接收到无差错的响应帧时，此一轮请求/响应服务即告终止。若响应帧受到干扰或超时，则不改变帧计数位重复发送请求帧，最多重发次数为三次。

对于点对点和多路点对点的全双工通道结构，除上述三种由主站触发的传输服务外，还应采用子站事件启动触发传输和子站主动向主站触发传输服务。当遥信发生变位时，子站主动触发一次发送/确认服务，组织报文向主站传送。主站收到子站的报文后，以确认报文回答子站。如果主站忙，数据

缓冲区溢出，则主站以忙帧回答子站，随后子站如还要传送数据时，则子站此时触发一次请求/响应服务。子站以请求帧询问主站链路状态，主站以响应帧报告链路状态。子站在每次主动触发发送/确认帧或请求/响应帧时，帧计数位改变状态。若从主站收到无差错的确认帧或响应帧，则这一次主动触发传输即告结束。若由于干扰使子站超时没有收到报文，则子站不改变帧计数位的状态，重发前一轮的发送帧或请求帧，重复次数最多五次，结束这一次主动触发传输。除事件启动触发传输外，子站还应按照一定时间间隔主动向主站传送循环数据。主站收到子站的报文后，按发送/不回答服务的规则，不回答子站。循环数据包括子站的全部遥信、遥测、水位、变压器分接头等全部 2 级用户数据。如果子站长时间没有收到主站发送的报文，或者接收后长时间连续检出差错，则子站主动将循环数据的两帧之间的间隔时间缩短。

五、帧格式的接收校验

无论可变帧长帧格式还是固定帧长帧格式，主站和子站之间异步通信的字符格式都是：一位启动位、一位停止位及一位偶校验位，每个字符 8 位数据位。接收时对每个字符的启动位、停止位和偶校验位要进行校验。

对可变帧长帧格式每帧要检测报文头中的两个启动字符为 68H 和两个 L 值一致；一帧信息的接收字符数应该为 L+6；帧校验和正确；结束字符为 16H。若检出一个差错，则舍弃此帧数据。对固定帧长帧格式，每帧需校验启动字符为 10H，结束字符为 16H 及帧校验和正确。若检出一个差错，则舍弃此帧数据。

六、Pollina 工作流程

工作流程如图 4-16 所示。图中，突发数据是指遥信状态变位信息、遥测越死区值数据，突发数据定义为 1 级数据，立即传输。总召唤是指初始化后或者通信中断超过规定的时间后，主站发总召唤命令，召唤厂站全数据，定义为 1 级数据。控制命令有断路器、隔离开关遥控操作命令及 AGC 控制调节命令等。

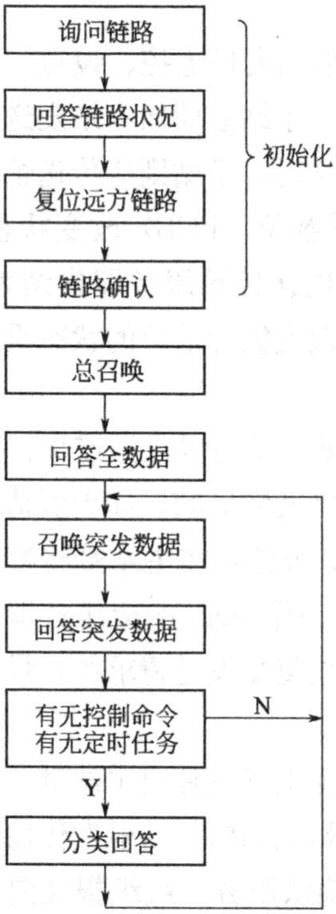

图 4-16　Pollina 工作流程

七、报文举例

问答式传输规约如 IEC 101，制定了一套典型的问答式规范，一般来说，以下几个过程将依次出现。

1. 初始化报文

主站：10 49 21 6a 16（表示主站开始召唤链路状态）

子站：10 8b 21 ac 16（功能码 b，从链路状态或访问请求回答请求帧，表示链路完好）

主站：10 40 21 61 16（表示主站复位远方链路状态）

子站：10 80 21 a1 16（功能码 0，表示确认帧）

2. 对时报文

（1）主站下发的对时报文的帧格式

主站：68 0f 0f 68 53 11 67 01 06 11 00 00 2b d1 1f 0b 09 04 06 1c 16

报文分析：起始码 68H，L＝15，重复 L＝15，重复的起始码 68H，控制域字节＝DIR(0)|PRM(1)|FCB(0)|FCV(1) 及功能码 03H，表示传送数据。链路地址域字节 11H。类型标识＝103（67H）。信息个体数 01H。传送原因＝06H，表示激活公共地址，信息体地址低字节（00），信息体地址高字节（00），秒值低字节，秒值高字节，分钟值＝1fH，小时值＝0bH，日值，月份值，年份值。帧校验码＝1cH，结束码 16H，报文的时钟同步时间为 06 年 4 月 9 号 11 时 21 分 53 秒 547 毫秒。

（2）对主站对时命令的确认报文帧格式

子站：68 0f 0f 68 80 11 67 01 07 11 00 00 2b d1 1f 0b 09 04 06 4a

报文分析：起始码 68H L＝15，重复 L＝15，重复的起始码 68H，控制域字节＝DIR(1)|PRM(0)|ACD(0)|DFC(0) 及功能码 00H，表示对主站的确认。链路地址域字节 11H。类型标识＝103（67H）。信息个体数 01H。传送原因＝07H，表示激活确认公共地址，信息体地址低字节（00），信息体地址高字节（00），毫秒值低节，毫秒值高节，分钟值，小时值，日期值，月份值，年份值。帧校验码，结束码 16H。

3. 总召唤报文

若主站下发的是总召唤命令，类型标识为 100（64H），组织应答主站的总召唤确认报文，子站会上送全遥测和全遥信。

总召唤报文如下。

主站：68 09 09 68 73 01 64 01 06 01 00 00 14 F4

16 总召唤激活

子站：E5

主站：10 5B 01 5C I6

子站：68 09 09 68 28 01 64 01 07 01 00 00 14 AA

16 总召唤激活确认

主站：10 7A 01 7B 16

子站：68 26 26 68 28 01 14 86 14 01 01 00 5B 38
FF FF 00 26 A4 FF FF 00 38 F2 FF FF 00 69 BD
FF FF 00 A2 04 FF FF 00 FC 2B FF FF 00 47 16

回答全遥信数据

主站：10 5A 01 5B 16

子站：68 38 38 68 28 01 09 90 14 01 01 40 42 00
00 72 07 00 42 05 00 32 F7 00 42 F1 00 A1 0E 00
92 F1 00 20 91 00 02 09 00 C2 07 00 B2 03 00 62
03 00 F2 09 00 90 69 00 45 70 00 46 92 00 C8 16

回答全遥测数据

主站：10 7A 01 7B 16

子站：68 09 09 68 08 01 64 01 0A 01 00 00 14 8D

16 总召唤激活终止

报文分析如下。

类型标识为 100（64H），单个信息对象时 SQ＝0，传输原因在控制方向：＜6＞：＝激活；在监视方向：＜7＞：＝激活确认，＜10＞：＝激活终止

对总召唤全遥信数据报文分析：68 26 26 68 28 01 14 86 14 01 01 00 5B 38 FF FF 00 26 A4 FF FF 00 38 F2 FF FF 00 69 BD FF FF 00 A2 04 FF FF 00 FC 2B FF FF 00 47 16 类型标识为 20（14H），表示带状态变位检测的成组单点信息；信息对象序列（SQ＝1），传输原因＜20＞：＝总召唤，86H 是可变帧限定词，表示该帧按顺序连续传输 6 组遥信。报文中 5B 38 FF FF 00 为第一组信息，其中 5B 38 是 16 位状态信息，规定"0"为分、"1"为合，FF FF 是 16 位状态变位检测信息，规定"0"为无状态变化，"1"为

有状态变化，00是品质描述词表示当前值有效。因为总召唤命令用来进行数据更新，所以16位状态变位检测信息为全"1"。

［规定］在总召唤处理过程中，被控站必须采用类型标识为20，且SQ＝1的带状态变位检测的单点遥信组，向控制站传输全站的所有状态量数据。

对总召唤全遥测数据报文分析：68 38 38 68 28 01 09 90 14 01 01 40 42 00 00 72 07 00 42 05 00 32 F7 00 42 F1 00 A1 0E 00 92 F1 00 20 91 00 02 09 00 C2 07 00 B2 03 00 62 03 00 F2 09 00 90 69 00 45 70 00 46 92 00 C8 16

类型标识为9，信息对象序列（SQ＝1）；传输原因＜1＞：＝周期，循环；＜2＞：＝背景扫描，＜3＞：＝突发，＜20＞：＝总召唤，＜21＞～＜36＞：＝响应组召唤。

全遥测报文中09 90 14中的09是类型标识，表示带品质描述词的规一化测量值；90是可变帧限定词，表示该帧按顺序连续传输16个遥测量。报文01 40 42 00 00 72 07 00…表示遥测起始地址从40 01H点开始按顺序连续传输16个遥测数据。

4. 突发数据传输报文

突发数据有两种：遥测突变越死区值数据和遥信状态变位信息。当断路器、隔离开关发生变位时，状态变位信息分两次传送，一次传送遥信变位数据，一次传送SOE事件顺序记录数据。

某遥测突变数据传输报文如下。

主站：10 5B 01 5C 16

子站：68 10 10 68 08 01 09 02 03 01 29 40 44 7D 00 31 40 46 92 00 8B 16

报文分析：遥测突变数据传输选用类型标识09报文传输；报文09 02 03中09为类型标识，表示带品质描述的规一化测量值，02表示该帧中有2个遥测量；03表示是突发数据；报文29 40 44 7D 00表示第4029H（16425）点的测量数据是7D44H（32068）；报文29 40 44 7D 00表示第4031H（16433）点的测量数据是9246H，其最高位＝1表示是负数，负数计算用反码减1方法，9246H取反减1得6DB8H，再转换成十进制数是－28088。

某遥信突变数据传输报文如下。

主站：10 7A 01 7B 16

　　子站：68　0C　0C　68　08　01　01　02　03　01　09　00　00　5B　00　01　75　16

　　报文分析：遥信变位传输选用类型标识 01（不带时标的单点遥信信息）报文传输。报文 01　02　03 中的 01 是类型标识，表示单点信息，02 表示该帧中有 2 个遥信数据，03 表示传输的是突发数据；报文 09　00　00，这里的 00　09 表示第 9 点遥信，品质描述词 00 表示信息为"分"状态；报文 5B　00　01 表示第 91 点遥信信息为"合"状态。

5. 遥控过程报文

　　主站下发的遥控（遥调）选择/执行命令帧格式如下。

　　主站：68　09　09　68　73　01　2D　01　06　01　01　60　85　F1　16　选择命令

　　子站：E5

　　主站：10　5B　01　5C　16

　　子站：68　09　09　68　08　01　2D　01　07　01　01　60　85　25　16　确认返回

　　主站：68　09　09　68　53　01　2D　01　06　01　01　60　05　FF　16　执行命令

　　子站：E5

　　主站：10　7B　01　7C　16

　　子站：68　09　09　68　28　01　2D　01　07　01　01　60　05　C5　16　确认返回

　　主站：10　5A　01　5B　16

　　子站：68　09　09　68　08　01　2D　01　0A　01　01　60　05　A8　16　遥控操作结束

　　遥控命令选用类型标识 45（2DH），表示单点遥控命令；报文 2D　01　06　01　01　60　85 中的 2D 是类型标识，01　60 表示第 6001H 点遥控对象；85 表示"合"操作。报文 2D　01　06　01　01　60　05 中的 05 品质描述词，表示是执行命令"合"操作。如品质描述词为 04，则表示执行"分"操作。报文 2D　01　0A 中 0A 为结束符，表示遥控操作结束。

八、问答式传输规约与循环式传输规约的比较

　　（1）对网络拓扑结构的要求不同

　　CDT 规约只适应点对点的通信，故要求通信双方网络的拓扑结构是点对点的结构；而 POLLING 规约能适应点对点、多个点对点、多点环形、多

点星形等多种通道结构。

（2）通道的使用率不同

用 CDT 规约传送信息时，调度中心和变电站之间连续不断的发送和接收，始终占用通道；用 POLLING 规约时，只在需要传送信息时才能使用通道，因而允许多个 RTU 分时共享通道资源。

（3）调度与变电站的通信控制权不同

采用 CDT 规约以变电站端为主动方，变电站远传信息连续不断地送往调度中心，变电站的重要信息能及时插入传送，调度中心只发送遥控、遥调等命令；而 POLLING 规约以调度中心为主动方，包括变位遥信等在内的重要远传信息，变电站只有接收到询问后，才向调度中心报告。

（4）对通信质量的要求不同

采用 CDT 规约，在通道上连续发送信息，某远传信息一次传送没有成功时，可在下一次传送中得到补偿，信息刷新周期短，因而对通道的质量要求不是太高；采用 POLLING 规约，仅当需要时传送，即使选用了防止报文丢失和重传技术，对通道的质量要求仍比循环式规约高。

（5）实现的控制水平不同

采用 CDT 规约数据采集以变电站为中心；而采用 POLLING 规约采集信息中心已延伸到调度中心，数据处理比 CDT 规约简单，可在更大的范围内控制电网运行。

（6）通信控制的复杂性不同

采用 CDT 规约信息发送方不考虑信息接收方接收是否成功，仅按照规定的顺序组织发送，通信控制简单；采用 POLLING 规约，信息发送方要考虑接收方的接收成功与否，采用了信息丢失以及等待—超时—重发等技术，通信控制比较复杂。

第四节　DL／T 634.5-104（2002）
远动规约及其应用

国际电工委员会（IEC）1995 年出版 IEC 60870-5-101 以来，得到了广泛应用，为适应网络传输，2000 年出版了 IEC 60870-5-104：2000。为规范本标准在国内的应用，全国电力系统控制及其通信标准化技术委员会于 2002 年推出了 DL／T 634.5-104—2002。本标准等同采用 IEC 60870-5-104：2000 远动设备与系统第 5-104 部分：传输规约采用标准传输协议子集的 IEC 60870-5-101 的网络访问。

一、适用范围

DL/T 634.5-104—2002 适用于具有串行比特编码的数据传输的远动设备和系统，用以对地理广域过程的监视和控制。制定远动配套标准的目的是使兼容的远动设备之间达到互操作。DL/T 634.5-104—2002 利用了国际标准 IEC 60870-5 的系列文件，规定了 IEC 60870-5-101 的应用层与 TCP/IP 提供的传输功能的结合。在 TCP/IP 框架内，可以运用不同的网络类型，包括 X.25、FR（帧中继）、ATM（异步传输模式）和 ISDN（综合服务数据网）。根据相同的定义，不同的 ASDU，包括 IEC 60870-5 的全部配套标准所定义的 ASDU，可以与 TCP/IP 相结合。

二、一般体系结构

DL/T 634.5-104—2002 定义了开放的 TCP/IP 接口的使用，这个网络包含例如传输 DL/T 634.5-101—2002 ASDU 的远动设备的局域网，包含不同广域网类型（如 X.25、帧中继、ISDN 等）的路由器可通过公共的 TCP/IP 局域网接口互联，如图 4-17 所示。图 4-17 为一个冗余的主站配置与一个非冗余的主站配置。

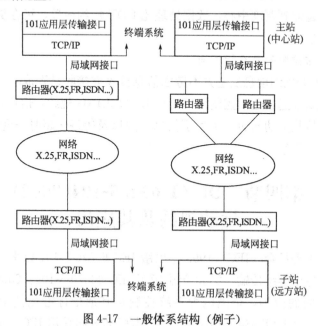

图 4-17 一般体系结构（例子）

如图 4-17 例子所示，以太网 802.3 栈可能被用于远动站终端系统，或DTE 驱动单独的路由器。若不要求冗余，则可以用点对点的接口（如

X. 21）代替局域网接口接到单独的路由器，这样可以在对原先支持 IEC 60870-5-101 的终端系统进行转化时，保留更多现存的硬件设备。

三、规约结构

图 4-18 所示为端系统的规约结构。

IEC 60870-5-5 和 IEC 60870-5-101 应用功能的选集	初始化	用户进程
从 IEC 60870-5-101 的 IEC 60870-5-104 中应用服务数据单元的选集		应用层（第 7 层）
应用规约控制信息（APCI） User/TCP 接口（用户到 TCP 接口）		
TCP/IP 协议组（RFC2200）的选集 注：层 5 和 6 没有用		传输层（第 4 层）
		网络层（第 3 层）
		链路层（第 2 层）
		物理层（第 1 层）

图 4-18 远动配套标准 104 所选择的标准版本规约结构

四、应用规约控制信息（APCI）的定义

传输接口（TCP 到用户）是面向数据流的接口，它并不定义 IEC 60870-5-104 应用服务数据单元 ASDU 的任何启动或者停止。为了检出应用服务数据单元 ASDU 的启动和结束，每个 APCI 包括下列定界元素：一个启动字符、ASDU 的规定长度及控制域（见图 4-19）。可以传送一个完整的应用服务数据单元 APDU（或者出于控制目的，仅仅是 APCI 域也是可以被传送的）。

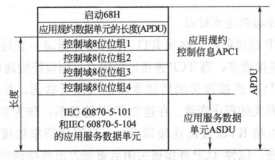

图 4-19 远动配套标准的应用服务数据单元

启动字符 68H 定义了数据流中的起点。应用规约数据单元 APDU 的长度域定义了 APDU 体的长度，它包括 APCI 的 4 个控制域、8 位位组和

ASDU。第一个被计数的 8 位位组是控制域的第一个 8 位位组，最后一个被计数的 8 位位组是 ASDU 的最后一个 8 位位组。应用服务数据单元 ASDU 的最大长度限制在 249 以内，因为 APDU 域的最大长度是 253（APDU 最大值＝255 减去启动和长度 8 位位组），控制域的长度是 4 个 8 位位组。

控制域定义了保护报文不致丢失和重复传送的控制信息、报文传输启动/停止，以及传输连接的监视等。

五、帧类别及传输规则

控制站采用 STARTDT（启动数据传输）和 STOPDT（停止数据传输）控制着被控站的数据传输。当建立连接时，在这次连接中，被控站并不自动使能传输用户数据，即在连接建立时，STOPDT 处于缺省状态。在此时，被控站通过这次连接除了不计数的控制功能和对这些功能的确认，并不传输任何数据。控制站必须通过连接发送 STARTDTact（启动帧）激活在连接上传输用户数据，被控站用 STARTDTcon（启动帧确认）响应这个命令。如果 STARTDT 没有被确认，由控制站关闭连接，这隐含着初始化以后，任何用户数据（例如响应总召唤命令）从被控站传输前首先发送 START-DT，在被控站暂挂的用户数据仅在发送 STARTDTcon 之后才能发送。

从一次占用连接切换到另一次连接（例如由操作员进行），控制站首先在占用连接上发送 STOPDTact，被控站停止通过这次连接用户数据的传输，并返送 STOPDTcon（发送对用户数据的挂起认可 ACK）。接收了 STOP-DTcon 后，控制站关闭连接。当要建立另一次连接时，需要 STARTDTact 去启动被控站在另一次连接上的数据传输。

六、DL/T 634.5-104—2002 的应用

（1）TCP 连接的建立过程

在建立 TCP 连接前，子站端 RTU 作为服务器应一直处于侦听状态并等待调度端的连接请求，当 TCP 连接已经建立，则应持续地监测 TCP 连接的状态，以便 TCP 连接被关闭后能重新进入侦听状态，并初始化一些与 TCP 连接状态有关的程序变量。在建立 TCP 连接前，作为客户机的调度端应不断地向子站端 RTU 发出连接请求，一旦连接请求被接收，则应监测 TCP 连接的状态，以便 TCP 连接被关闭后重新发出连接请求。需要注意的是，每次连接被建立后，调度端和子站端 RTU 应将发送和接收序号清零，并且子站只有在收到了调度系统的 STARTDT 后，才能响应数据召唤以及循环上送数据，但在收到 STARTDT 之前，子站对于遥控、设点等命令仍

然应进行响应。

（2）循环遥测数据传送

对于遥测量，可以使用类型标识为 9（归一化值）、11（标度化值）和 13（短浮点数）的 ASDU 定时循环向调度端发送。

（3）总召唤过程

调度主站向子站发送总召唤命令帧（类型标识为 100，传输原因为 6），子站向主站发送总召唤命令确认帧（类型标识为 100，传输原因为 7），然后子站向主站发送单点遥信帧（类型标识为 1）和双点遥信帧（类型标识为 3），最后向主站发送总召唤命令结束帧（类型标识为 100，传输原因为 10）。

（4）校时过程

调度主站向子站发送时间同步帧（类型标识为 104，传输原因 6），子站收到后立即更新系统时钟，并向主站发送时间同步确认帧（类型标识为 104，传输原因 7）。

（5）子站事件主动上传

以太网对于调度端和子站端都是一个全双工高速网络，当子站发生了突发事件，子站将根据具体情况主动向主站发送下述报文：遥信变位帧（单点遥信类型标识为 1，双点遥信类型标识为 3，传输原因为 3）、遥信 SOE 帧（单点遥信类型标识为 30，双点遥信类型标识为 31，传输原因为 3）、调压变分接头状态变化帧（类型标识为 32，传输原因为 3）、继电保护装置事件（类型标识为 38）、继电保护装置成组启动事件（类型标识为 39），继电保护装置成组输出电路信息（类型标识为 40）。

（6）遥控/遥调过程

主站发送遥控/遥调选择命令（类型标识为 46/47，传输原因为 6，S/E＝1）子站返回遥控/遥调返校（类型标识为 46/47，传输原因为 7，S/E＝1），主站下发遥控/遥调执行命令（类型标识为 46/47，传输原因为 6，S/E＝0），子站返回遥控/遥调执行确认（类型标识为 46/47，传输原因为 7，S/E＝0），当遥控/遥调操作执行完毕后，子站返回遥控/遥调操作结束命令。

（7）召唤电度过程

主站发送电度量冻结命令（类型标识为 101，传输原因为 6），子站返回电度量冻结确认（类型标识为 101，传输原因为 7），然后子站发送电度量数据（类型标识为 15，传输原因为 37），最后子站发送电度量召唤结束命令（类型标识为 101，传输原因为 10）。

第五章
微机远动装置的运行与维护

第一节　远动装置的运行管理

远动系统是由主站和各子站（远动终端）经由数据传输通道构成的整体，是提高调度运行管理水平的重要手段。为了使远动系统稳定、可靠地运行，确保电网安全优质经济发供电，必须做好远动装置的运行管理及巡检工作。投入运行的设备均应明确专责维护人员，建立完善的岗位责任制。设备专职负责人负责定期对设备进行巡视、检查、测试和记录，发现异常情况及时处理，并负责设备的维修。应建立分管设备的账、卡。发现问题及时诊断处理，并作详细记录。应定期校核遥测装置的准确度，检查遥信、遥调和遥控装置的正确性，发现问题及时处理并做好记录。

一、远动装置包括的设备

① 远动装置主机。

② 远动专用变送器及其盘柜。

③ 远动的调制解调器。

④ 功率总加装置。

⑤ 遥测接收仪表。

⑥ 调度盘、台上的远动部件及其连接电缆。

⑦ 远动装置与计算机之间远动侧接口。

⑧ 远动装置到通信设备接线架端子的专用连接电缆。

⑨ 厂、站端远动信息（包括遥信、遥测、遥控、遥调）输入和输出回路的专用电缆。

⑩ 远动装置专用的电源设备及其连接电缆。

⑪ 遥控、遥调执行屏及其部件。

⑫ 远动转接盘柜及远动装置其他外围设备。

二、变电站远动装置运行一般规定

① 远动装置至少应有两条通道，其中一条应是独立通道，通道的传输

数据的质量应达到标准。

② 远动装置投运后，应定期校核遥测的准确度及遥信的正确性，其遥控、遥调功能可与一次设备同步进行，并做详细记录。

③ 自动化系统的各类软件，由专业人员负责进行维护，定期检查、测试、分析软件的运行稳定性和各功能的实际情况。

④ 远动装置检验周期和项目、轮换和维护，应根据各设备的具体要求和各地编制的维护管理规定执行。对运行不稳定的设备加强监视检查，不定期的进行检验，同时应做好远动装置日可用率、事故遥信年动作正确率、遥测月合格率、遥控月正确动作率的分析与统计。

⑤ 应将监控系统不间断电源（UPS）、逆变装置电源系统、操作员机（MMT）、远动终端装置（RTU）、电能量采集装置（ERTU）、光端机（SDH）的运行注意事项编入现场运行规程。

⑥ 远动设备的各部分电源、熔断器、保安接地，必须符合安装技术标准，站端的设备外壳必须与站内地网可靠接地。采用独立接地网，应测试接地电阻。接地装置必须每年雷雨季节前检查一次。

三、运行维护注意事项

① 投入运行的远动装置，不得无故停用，装置因故临时停用，应经有关部门同意。当发生下列情况时，应立即报告相关部门，采取必要的应急措施：

　　a. 通道故障 4h 内不能修复者；

　　b. 装置部分功能失灵，用于 110kV 及以上设备的 8h 内不能修复；用于 10kV 设备的 24h 内不能修复者；

　　c. 系统输电线路因故检修，影响载波通信。

② 在二次回路工作，需要变动远动遥测、遥信、遥控、遥调回路的接线时，应经专业管理部门同意，在工作完毕后，应及时恢复，并做好记录。

③ 变电站高压设备、保护、直流、仪表等装置改造完毕，恢复远动二次接线后，应进行相关远动试验，并根据设备变更情况及时更改远动装置的显示图形和设备运行参数。

④ 远动装置进行联调，检修遥控装置，必须经主管部门批准，并做好防止"三误"的措施。

⑤ 遥控装置必须设有防误动作的保护措施。当保护环节失去作用时，不得进行遥控操作。

⑥ 更换远动装置、综合自动化的保护装置后，应进行遥控、遥信、遥

测试验方可投入运行。

⑦ 远动装置应采用双电源供电方式。失去主电源时，备用电源应能可靠投入。

四、远动岗位人员职责

① 负责主站系统及厂（站）端远动装置的运行维护及故障抢修工作，按计划进行设备的定期检验工作。

② 负责主站系统画面、报表、数据库制作和维护、运行管理。

③ 做好运行统计分析工作，按期上报。

④ 负责新安装远动装置投运前的检查和验收工作。

⑤ 负责远动设备的技术改造、技术措施的实施，执行率100%。

⑥ 执行相关技术标准、工作票和安全、技术措施，执行率100%。

⑦ 值班人员每天上班后到调度室巡视自动化设备运行情况，发现问题及时处理，并做好事故处理记录和向当值调度员说明情况。

⑧ 每日对远动设备进行检查，远动设备的可用率达100%。

⑨ 熟悉远动设备原理，熟悉所使用的工具和仪器、仪表。

⑩ 在变电所远动设备上工作，严格执行《电业安全工作规程》及其他安全生产管理规定。

⑪ 认真做好远动设备值班运行记录，做到字迹清楚，记录全面。

⑫ 有权向上级提出远动自动化设备更新改造、停用、投入的建议。

⑬ 有权拒绝执行不利设备安全、人身安全的检修工作。

⑭ 对不合格或无图纸资料的设备有权拒绝其投入使用。

⑮ 编制厂、站年度远动改进工程计划，并参加实施。

五、远动设备的技术管理

对于正式运行的远动装置必须具备下列图纸资料。

① 出厂图纸、说明书、出厂检验记录。

② 符合现场实际的原理图、安装接线图、外部回路接线图、技术说明书及远动通道路径图。

③ 各类装置专用检验规程。

④ 定期检验报告。

⑤ 运行维护记录（包括运行情况分析、检测记录、故障记录、运行日志、缺陷处理记录及存在问题等）。

新安装的远动装置投入正式运行前要有三个月至半年的试运行期。转入正式运行时，应提出试运行报告，证明装置已符合技术设计指标。凡属试制产品，均要通过技术鉴定后才能投入正式运行。

对运行的远动装置作必要的改进时，应先充分讨论，提出方案并经远动主管部门批准后才能进行。回路变动后，设备专责人应及时修改图纸并做好记录，并按规定办理有关手续后入档。遥测变送器的电压回路应装设适当的熔断器。另外，远动装置的金属外壳，均应与接地网牢固连接；远动装置安装地点应综合考虑防尘、温度要求和运行上的方便，并尽量缩短电缆连接。有条件时可设远动专用机房；远动装置电源要求稳定可靠，应采用不停电电源等。

远动通道应在通信设计中统一安排。主要厂、站应有两个独立的远动通道，当一个通道故障或检修时，可自动切换或人工切换到另一个通道上。必须保证远动通道畅通无阻，在特殊情况下通道需要中断时，通信人员必须事先通知远动人员并取得调度部门同意后，方能中断。远动通道由通信运行部门按通信电路的规定，进行维护、管理、统计与故障评价。远动通道应具备必要的传输质量。远动通道的频率偏差、频幅特性和接口电平等应符合通信设备和远动设备的技术条件要求。

六、远动装置的运行管理

① 停用投入系统正式运行的远动装置，需经值班调度员同意，由远动值班人员统一指挥，不得无故停用。

② 在下列情况经调度和远动主管单位同意，允许远动装置退出运行。

a. 装置故障或异常，需停下检修。

b. 定期检修的远动装置。

c. 因通信设备检修致使远动装置停运。

d. 其他特殊情况需停用的远动装置。

e. 当情况紧急时，可先断开电源，然后再报告。

③ 投入系统运行的远动装置要明确专职维护人员。

④ 远动装置的巡视检修包括如下内容。

a. 定期巡视、检查和测试运行中的设备，发现异常及时处理。

b. 发、收两端定期校核遥测精度和遥信、遥控、遥调的正确性。

c. 若遥控、遥调、遥信误动或拒动，遥测误差值大于规定值，应查明原因及时处理。

d. 定期记录远动装置接收电平，发现问题应及时处理。

e. 建立运行日志、设备缺陷记录、测试数据等记录簿，建立设备台账。

⑤ 未经远动专业人员同意，不得在远动装置及其二次回路上工作和操作。

⑥ 远动装置故障评价如下。

a. 由于远动装置故障，构成现行部颁《电业生产事故调查规程》所列事故条款之一者应记为事故。

b. 远动装置连续故障停用时间超过48h者，应记为障碍。

c. 远动装置连续故障停用时间超过24h者，应记为异常。

故障时间的计算由调度端发出故障通知时算起。对经常无远动装置运行维护人员的远郊变电所，统计障碍式异常的故障时间限制可增加24h。

⑦ 为保证远动装置正常维修、及时排除故障，调度端远动部门必须备有专用交通工具，厂、站端应备有远动装置用的仪器、仪表、工具、备品和备件。

⑧ 远动装置的巡视检查。如打印机工作正常情况；远动装置专用的UPS运行正常情况；设备指示灯、各回路信号指示灯指示正常情况；远动站通道和主站设备的通信装置运行正常情况；接入远动装置的遥信接点、开关辅助接点、继电器接点及端子排、连线接触和连接可靠情况；各类遥测信号正确情况。检查其他附属设备（GPS、CRT等）；清洁设备。

七、远动设备检验管理

① 远动设备应按照相应检验规程或技术规定进行检验工作，设备的检验分为三种：新安装设备的验收检验；运行中设备的定期检验；运行中设备的补充检验。各类测量变送器和仪表、交流采样测控装置，是保证远动系统遥测精度的重要设备，必须严格按照有关规程和检验规定进行检定。

② 运行中设备的定期检验分为全部和部分检验，其检验周期和检验内容应根据各设备的要求和实际运行状况在相应的现场专用规程中规定。

③ 设备经过改进后或运行中出现故障或异常修复后必须进行补充检验。补充检验分为经过改进后的检验和运行中出现异常后的检验。

④ 变送器、远动装置的检验时间应尽可能结合一次设备的检修进行，并配合一次设备的检修，检查相应的测量回路和测量精度、信号电缆及接线端子，并做遥信和遥控的联动试验。

⑤ 远动设备检验应由设备的专责人负责现场组织。检验人员应具备相应的资质。检验前应作充分准备。图纸资料、备品备件、测试仪器、测试记录、检修工具等均应齐备，明确检验的内容和要求，在批准的时间内保质保量地完成检验工作。

⑥ 在对运行中设备进行检验工作时，必须遵守《电业安全工作规程》和专用检验规程的有关规定，确保人身、设备的安全以及设备的检验质量。

⑦ 设备经检验合格并确认内部和外部接线均已恢复后方可投运，并通知有关人员。要及时整理记录，写出检验技术报告，修改有关图纸资料，使其与设备的实际相符，并上报相关的远动运行管理部门备案。

⑧ 各类仪表、仪器和测试设备应有专人管理，使其处于良好状态。要建立记录卡或记录簿，将检修校验及相应资质的计量机构校验的结果登记备查。

⑨ 各类仪表、仪器和测试设备，应按量值传递标准，按周期进行校验。各发电、供电、基建等单位与远动有关的最高等级的标准仪表，应按规定定期送相应资质的计量机构进行校验。

⑩ 遥测显示表与配电盘表对电力系统运行具有同等使用价值。当双方读数不一致时，应互相配合，使用标准表进行校核。

⑪ 远动装置检修计划每年编制一次。远动装置在检验和维修之后，应及时写出技术报告。

第二节　远动装置的定检作业

目前，电力企业为了保证电力生产过程的人身、设备安全，提高工作质量和劳动效率，都在推行并实施标准化作业管理。对于远动装置的定检作业，对作业人员素质、作业流程控制及工艺质量要求，作业环境管理和规章制度等方面进行落实。做到辨识危险源，分析危险点，制定反事故措施。做到施工及验收规范，避免事故的发生。

一、远动装置定检作业要求

（1）对人员素质技能的要求

电气安装及调试人员必须掌握安全规程知识，并经过年度《电业安全工作规程》考试成绩合格；熟悉并理解有关远动的规程规定内容；应熟练掌握试验仪表、仪器、工具的使用方法；能正确理解图纸、资料内容，认真查阅并准备好工作所需的图纸、资料和上次试验记录，不得凭记忆工作；同时应学会触电急救法。

（2）准备程序要求

① 要严格执行现场工作的管理规定，齐备施工图纸、资料及上次记录。了解工作地点一次及二次设备运行情况和上次的检验记录、图纸是否符合

实际。

② 要认真填写现场工作安全措施卡。工作负责人按有关规定正确填写、签发工作票及安全措施卡。

③ 要填写远动安全措施票。

④ 办理工作票。工作票一式两份，一份必须经常存放在工作地点，由工作负责人收执；另一份由值班员收执。一个工作负责人只能办理一张工作票。

⑤ 要检查安全措施。开工前工作票内的全部安全措施应一次做完，工作负责人会同工作许可人检查现场所做的安全措施是否正确完备。未办理工作票或工作票未办理完，严禁进行现场施工。

（3）工作前安全交待和检查要求

工作票许可后，工作负责人应向工作班人员交待现场安全措施、带电部位和其他注意事项，并向工作人员讲解工作任务分配，进行危险点分析。

现场工作开始前，应查对已做的安全措施是否符合要求，运行设备与检修设备是否明确分开，还应看清设备名称，严防走错位置。

（4）接取临时试验电源要求

应了解试验电源的容量和接线方式。配备适当的熔丝，特别要防止总电源熔丝越级熔断。试验用隔离开关必须带罩，禁止从运行设备上直接取得试验电源。在进行试验接线工作完毕后，必须经第二人检查后，方可通电。停电更换熔断器（保险）后，恢复操作时，应戴手套和护目眼镜。

（5）校验工作要求

① 现场工作要在工作负责人安排下，按照校验规程要求，认真进行，并对本次校验质量与安全全面负责；工作班成员要服从分工，保证工作质量。

② 远动人员在现场工作过程中，凡遇到异常情况（如直流系统接地等）或断路器（开关）跳闸时，不论与本身工作是否有关，应立即停止工作，保持现状，待查明原因，确定与本身工作无关时方可继续工作；若异常情况是本身工作所引起，应保留现场并立即通知值班人员，以便及时处理。

③ 在继电保护屏间的通道上搬运或安放试验设备时，要与运行设备保持一定距离，防止误碰运行设备，造成保护误动作。清扫二次回路时要使用绝缘工具。

（6）办理工作终结手续

① 工作负责人应会同工作人员检查试验记录有无漏试项目，试验结论、数据是否完整正确。

② 工作结束，全部设备及回路应恢复到工作开始前状态，清理完现场

后，工作负责人应向运行人员详细进行现场交待，并将其记入远动校验工作记录簿。

③ 全体工作人员撤离工作地点，无遗留物件。经运行人员检查无误后，在工作票上填明工作终结时间，双方签字后，加盖"已执行"章。

二、典型远动装置定检作业

变电站是电力系统的一个重要环节，是电力网中线路的连接点，其作用是变换电压、汇集和分配电能。变电站能否正确运行关系到电力系统的稳定和安全问题，因此对变电站进行监控和保护具有十分重要的意义。

在变电站综合自动化系统中，测控系统承担着数据采集、处理，对断路器、隔离开关进行控制及防误闭锁等重要任务，变电站层监控系统或调度端通过测控系统获取现场数据信息，进行各种分析，同时变电站层或调度端可通过测控系统对断路器、隔离开关等设备进行开关操作，利用测控系统还可对有载调压变压器调压、同期合闸数据运算及判别并实现其控制，当开关量变位时能够按照设定值发告警信号向后台传送电笛标志或电铃标志。测控系统是面向间隔设计的，当通过测控系统对断路器、隔离刀闸等进行操作时，可实现面向间隔的防误闭锁操作判断。

随着我国电网容量的不断增加，运行管理变得更加复杂。为了保证供电的质量和电力系统的可靠性和经济性，系统的调度中心必须及时而准确地掌握整个系统的运行情况，随时进行分析，做出正确的判断和决策，必要时采取相应的措施，及时处理事故和异常情况，以保证电力系统安全、经济、可靠地运行。要实现电网调度自动化，首先需要来采集和处理大量实时运行参数和状态信号。电力系统远动的作用就是为调度控制中心提供实时数据，实现对远方运行设备的监视和控制，是调度自动化的基础。因此电力系统远动的基本要求是可靠、准确、及时。

传统的远动终端（RTU）的处理容量是有限制的，对于一些大型变电站，由于要处理的遥测、遥信量多，不得不采用多套 RTU 来完成远动工作。而且传统 RTU 是集中式采集装置，无法实现与其他自动装置的数据共享问题。在计算机和网络技术基础上发展起来的变电站综合自动化系统有效地解决了这些问题，如四方公司的 CSC2000 综合自动化系统。CSC2000 系统是典型的分层、分布式系统，间隔层装置按站内一次设备为对象分布式布置，以变电站层、间隔层两层设备构成，功能齐全，配置灵活，具有极高的可靠性。CSC2000 系统的数据采集由间隔层的测控装置完成，通过测控网络可以很容易实现数据共享从而取消了传统的 RTU。这里以 CSC2000 系统的测控装置为例，来说明远动装置的定检作业要求，需要的仪表、仪器、工具，以及作业的步骤和内容。

1. CSC2000 系统的测控装置定检作业的要求

（1）作业人员的组成及分工

作业人员要求两人以上，持证上岗。工作负责人负责对整个作业过程的安全、工作质量及图纸记录的准确性进行监督，同时对整个工作过程进行指导，并负责向上级做整个作业过程及存在问题的汇报。工作班成员负责定检过程的实际操作，核对图纸与实际接线，做试验记录以及现场工作后的图纸修改和编写书面试验报告。

（2）工作负责人（监护人）职责

① 正确安全地组织工作。

② 结合实际进行安全思想教育，督促、监护工作人员遵守《电业安全工作规程》，工作前对工作人员交待安全事项。

③ 负责检查工作票记载安全措施是否正确完备和值班员所做的安全措施是否符合现场实际条件。

④ 办理工作许可手续。

⑤ 组织并合理分配工作，向工作班人员交待现场安全措施、带电部位和其他注意事项，对工作班人员的安全认真监护，及时纠正违反安全的动作。

⑥ 对整个工作过程的安全、工作质量负责，工作过程中对工作班成员提供技术支持，协调各工种间的工作配合。

⑦ 工作结束后工作负责人应周密检查工作质量是否合格，工作内容是否完整，试验记录是否齐全，使用仪表、仪器的收集整理情况，工作现场的清扫、整理情况。待全体工作人员撤离工作地点后会同工作验收人员对工作质量及工作现场进行验收，向值班员说明本次工作的范围和内容、工作中发现的问题和处理方法及结果。

（3）工作班成员职责

认真执行《电业安全工作规程》和现场安全措施，互相关心施工安全。认真学习有关规程、规定及有关反事故措施，学习图纸资料，查阅设备历史记录，工作中严肃认真，严防遥控误动、TA 开路、TV 短路事故的发生，确保人身和设备安全。

2. CSC2000 系统的测控装置定检作业的所需仪表、仪器、工具

所需仪表、仪器、工具主要有变送器检定装置、兆欧表、万用表、钳形电流表、电烙铁、示波器、微机、电源电缆盘、电源插座及相应工具等。

3. CSC2000 系统的测控装置定检作业步骤

（1）准备工作

工作前认真阅读图纸、检验规程和上次校验记录，准备好标准作业程序文件与空白试验报告；对照图纸填写"远动安全措施"、"安全措施卡"；分析工作过程中的危险点；准备需要用的试验设备、仪表、仪器、试验用线及工具、消耗材料；编写好传动程序。

工作前一定要认真准备，使参加工作的人员明确工作过程、质量要求、工艺方法、危险点及注意事项等。

（2）办理工作许可手续

工作许可人会同工作负责人到现场检查所做的安全措施，工作许可人以手触试，证明检修设备确无电压。

工作许可人对工作负责人指明带电设备位置和注意事项，指明检修设备与运行设备已用明显的标志隔开，并在工作地点放有"在此工作"牌；不能出现执行工作票时未认清工作地点、误入带电设备间隔等现象。

工作许可人和工作负责人在工作票上分别签名。应认真执行工作许可制度，切不可只签名不看现场。

（3）做远动安全措施

开始校验工作前，安全措施必须完备。按照事先准备的"远动安全措施"，使用绝缘工具，戴手套，并站在绝缘垫上，将应打开的连接片、切换把手、直流线、交流线、信号线联锁线全部打开，并记录在远动安全措施票中。特别注意与保护公用回路，防止解除保护出口；工作时认真谨慎防止误碰带电部分。应两人一起工作，一人操作，另一人作监护。监护人由技术经验水平较高者担任；所打开的连接片和所拆的线头全部记录在"远动安全措施票"中。

（4）接线检查与清扫

安全措施做完后，首先对测控装置和二次回路进行清扫，清扫包括装置外部和内部，不留死角；清扫时使用绝缘工具，不要误碰带电线头，造成交、直流短路、接地，或人身伤害。清扫前应检查装置后配线端子、测控屏端子及二次接线无断线，端子排处压接可靠，电流端子短接片应压接可靠；清扫的同时应检查装置插件无破损，各插件和插座之间定位良好，插入深度合适。插拔插件时装置必须停电，防止因人身静电损坏集成电路片。各插件上集成电路芯片应插紧；核对设备接线与图纸一致无误，线头标号齐全，字迹清晰。

（5）绝缘及耐压试验

进行绝缘及耐压试验时，需在屏端子排处将所有外引线全部断开。检验结束之后逆变电源开关应切至"断开"位置，端子排的外部连线（电缆线）则按以后试验项目的要求逐步恢复；各带电的导体电路分别对地（即外壳或外露的非带电金属零件）之间，用开路电压 500V 兆欧表测定其绝缘电阻应不小于 100MΩ。

耐压试验主要有：

① 交流回路对地，1kV，1min；

② 交流电流和电压回路之间，1kV，1min；

③ 直流电源回路（包括逆变电源输入端及各开出接点）对地，1kV，1min；

④ 交流和直流回路之间，1kV，1min；

⑤ 24V 回路（包括开关量输入 24V 电源及所有开关量输入端子）对地，1kV，1min。

以上试验不得有击穿或闪络现象（试验时应把 VFC、CPU 及面板上的 MMI 取下）。

(6) 逆变电源检验

断开远动装置，检查外观及逆变电源显示屏运行状态是否正常；进行电源自启动、输出电压值和稳定性检验。给远动装置上电之前，一定要确认直流电源极性正确。

(7) 通电初步检查

对于主机检查：主机加电后进入运行主画面，在主画面左上角显示三个绿/红色亮点，代表三个网络的运行情况，绿色表示运行正常，红色表示网络不通；按 F3 将主画面切换至前置保护装置通信状态显示画面，横坐标为装置地址的低 4 位，纵坐标为装置地址的高 4 位，坐标中的每个单元代表相应装置的通信情况，红色表示装置通信中断，绿色表示装置通信正常。

各模块检查：插上装置的全部插件，各装置加上额定直流电，观察装置是否正常工作。正常工作表现为面板上运行监视绿灯亮，其他指示灯灭；LCD 第一行显示实时时钟，第二行轮流显示各插件定值区号及状态量信息等有关信息。

装置 LCD 一级菜单上分以下八项。

① VFC 菜单。此项功能包括调整与检验 VFC 模/数转换器有关的各项命令，进入后显示四个子菜单：DC（调整及检验零漂）、VI（显示各输入通道的采样值）、ZK、SAN（打印采样值）。

② SET 菜单。此项功能包括了与定值有关的各种命令，进入后显示三

个子菜单：LST（逐行显示及修改定值）、SEL（切换定值区）、PNT（打印整定值）。

③ PRT 菜单。用于显示记忆在存储器中本装置历次动作的记录。

④ CLK 菜单。用于整定 MMI 电路板上的硬件时钟的时间。

⑤ CRC 菜单。显示 MMI 及 CPU 的版本号及校验码。

⑥ PC 菜单。用于将人机对话功能由面板上的 MMI 切换至面板上 RS-232 串口联机的 PC 机。

⑦ CTL 菜单。显示 DOT 和 EN 子菜单，DOT（开出传动）、EN（用于固化零漂值或实测的电阻值）。

⑧ ADR 菜单。整定本装置的地址。在开出传动等几项重要功能下均设置了保护密码，密码为 8888，如显示正常，则基本可确定装置已处于正常工作状态。

(8) 定值校验

检查主机通信设置是否正确；按照调试大纲与定值清单逐项进行认真试验，检查各测控装置 CPU 插件、测温插件、DC 直流插件定值是否正确。

(9) 遥信检查

对于开关量输入回路（遥信）检查，在主机上切换值 YX 子画面，逐个在端子上给每个所要验证的 YX 回路加 YX 正极，观察对应的 YX 反应是否正确。注意电源极性问题。

(10) 遥控检查

对于开关量输出回路（遥控）检查，应首先将该装置所有遥控回路外侧接线从该屏端子外侧拆开，并用绝缘胶布包好。以进入装置 LCD 主菜单下 CTL 菜单，进入开关量输出的子菜单，用键盘逐项驱动各开关量输出回路，YK 每进行一传动操作时，应参照调试表提供的 YK 传动记录表，检查继电器动作是否正确，同时用万用表或通灯在 YK 屏端子内侧检查装置相应的继电器触点是否正确动作。检查完成后应注意观察装置对应触点是否复归，做完某个装置的 YK 传动后，恢复 YK 接线。然后再进行下个装置的 YK 传动。

(11) 遥测检查

在进行测量回路（遥测）检查时，进入装置 LCD 主菜单下 VFC 菜单（显示的模拟量数值均为二次值），断开 TV 输入回路熔断器，将 TA 输入回路用短接线在外侧可靠短路。

零漂检验：利用人机对话或 PC 机调试软件的零漂检查命令，检查电流、电压回路零漂。每回路零漂应在 $-0.1 \sim +0.1$ 范围内，如不满足，调整 VFC 插件与相应的电位器 Rw2n（$n=1-9$）。

满值校验：测试电源电流和电压加到额定值 5A 和 100V，进入 Ⅵ 子菜单观察各通道模拟量的满值是否符合要求，误差应小于 0.5%。

线性校验：电压 100V、功角 30°下，电流分别加 5A、4A、2.5A、1A，读出功率装置所反映的数值，误差应小于 0.5%。

注意：断开 TV 回路熔断器时，用万用表监视端子内侧电压是否为零；封 TA 回路时，用钳形电流表监视端子内侧 TA 回路电流前后是否有变化，同时在 YC 子菜单观察对应 YC 值是否变化。拆 TA 短接片时应由有经验的负责人监护，动作要慢，如有明显打火，应立即恢复回路。

（12）告警功能检查

依次断开各测控装置的电源，检查装置通信中断信号是否能正常报出。

（13）整体传动

对于数字通道，检查主机与 232/422 转换器之间连线是否接好，422 电平应满足标准（2~6V）；对于模拟通道，检查 MODEM 输出电平是否符合要求（0~-18dB）。在通道外侧把上行下行短接，在主机上监视环回数据是否正常。

按照远动安全措施票中的记载，将除 YK 连接片外的电流、电压回路恢复正常接线。

与主站核对上传信息（YC、YX）；并由主站做 YK 试验，传动到 YK 屏。对于有条件传动实际断路器的对象，应通知值班人员和有关人员，并有工作负责人或指派专人到现场监护，方可恢复该 YK 出口连接片，进行 YK 传动。

（14）现场工作结束、清理工作现场

工作负责人应会同工作人员检查校验记录有无漏试项目。按照远动安全措施票恢复带电回路，全部设备及回路应恢复到工作开始前状态。遥控压板接触良好。

工作结束，清理完现场后，工作负责人应向运行人员详细进行现场交待，并将其记入远动工作记录簿，主要内容有整定值变更情况、二次接线更改情况、已经解决和未解决的问题及缺陷、运行注意事项和设备能否投入运行等。

（15）结束工作票

全体工作人员撤离工作地点，无遗留物件。经运行人员检查无误后，在工作票上填明工作终结时间，经双方签字后，工作票方告结束。所有试验设备、工具、消耗材料、仪表、仪器及图纸、资料、记录清点带回。

第三节　远动装置常见故障分析及处理

一、远动设备的通信配合上的六统一

将远方发电厂、变电站的电压、功率、负荷、开关动作情况等进行收集，汇编成数据，传到调度中心进行显示。将调度的命令用数据形式传到厂、站，进行遥控操作，这些数据就是远动信号。我们用"遥测、遥信、遥控、遥调"四遥来概括远动的作用。传输通道的任务是给这些数据提供一个畅通无阻的通路。这些数据有的是直接接在通道的数字口上进行传输，有的则是将数据经过调制器（MODEM）变换成音频信号经传输通道的音频接口传输到对方，对方再用解调器还原成原来的数据。

通信的双方远动设备，要想通并且通得好，除设备的可靠性、稳定性要好等自身因素外，双方在配合上还要作到以下六个统一。

① 波特率要统一。据我国电力部门现行使用较多的远动制式，有 300 波特、600 波特、1200 波特三种。波特率不统一，肯定通不了。不光要把主站上位机及分站下位机的通信波特率设置一致，还要把 MODEM 里面的相应开关设置一致。

② 音频频率要统一。电力部规定经过 MODEM 后的调频音频频率为：300 波特（3000±150）Hz；600 波特（2880±200）Hz。惯例规定 1200 波特 [1700±500(400)]Hz。在电力部规定中，600 波特的中心频率可据用户要求设为 [2880±60N(N 为正整数)]Hz，但频偏必须是±200Hz。远动厂家生产或配置的 MODEM 应遵照以上设置并可调。频率不但要对，重要的是准确度要高。可用频率计、选频表、万用表的频率挡进行核校。还要注意音频信号是否良好的正弦波，可用示波器观察。在现场经常遇到 MODEM 输出音频频率不准，有的最大偏差达 50Hz。还遇到过信号波形是三角波的实例。测量频率或观察波形时应想办法送单一频率。频率不对不通，频率不准或波形不良将造成严重误码。

③ 正负逻辑要统一。所为正逻辑，就是发"1"时为高频，发"0"时为低频；负逻辑则相反，发"1"时为低频，发"0"时为高频。有时远动电平正常，波形良好，但收到的全是错码，应考虑双方逻辑是否统一。

④ 地址码要统一。双方报文的源地址和目的地址应统一，如一方不按约定设置或双方事先没有约定，将造成不通。

⑤ 同步字要统一。同步字相当于侦察兵，每帧报文前如果均收到完全

正确的同步字，证明通道基本正常。现多用三组 EB90H 作为同步字。如双方同步字不统一，收不到要求的同步字头，就无法接收后续报文。

⑥ 报文规约要统一。如果双方的同步字对方收到后能解调出来，其他数据一个也解不出来，就是双方远动报文规约不一样。这就需要远动双方的调试人员统一规约，并认真核对，做到上传从采集、传送到显示，下送从下操作命令、传送到执行均准确无误。

二、远动故障的查找方法

电力系统的连续性和安全性的要求，以及无人值班站的运行要求，一旦自动化系统发生故障，须及时迅速排除，使之尽快恢复正常运行。远动系统是一个综合的系统，维护人员要准确及时地处理问题。解决远动终端出现的故障，首先，是要能明确判断出故障原因；其次，才是消除故障，这就涉及人员技术素质问题。作为远动人员，应了解远动终端内部电路走向，如 RTU 主机板电路走向。了解它们的原理和联系，了解每一部分发生故障后给整个系统带来的后果，利用系统工程的相关性和综合性原理分析判断自动化系统的故障。此外，应该熟悉各种芯片的功能以及相应各引脚的电平、波形等相关技术参数；再者就是工作人员的经验，当运行设备出现故障时，能否及时处理和消除，关系到系统的稳定性，当然，有些故障比较明显，仅从表面现象看就不难判断出故障所在。然而，作为集成度较高的远动终端，其故障原因大多数都不明显，这就需要掌握一些故障处理的方法和技术，远动装置在运行过程中，会出现各种不同的故障，故障的检查和判定归纳起来一般有以下几种方法。测量法、排除法、替换法、综合法等，

(1) 测量法

这种方法比较简单、直接，针对故障现象，一般能够判断故障所在，借助一些测量工具，能进一步确定故障的原因，有助于分析和解决故障。例如，调度端的显示器上同步传输的 A 变电所报故障。打电话到 A 变电所，得知当地显示正常，于是可以怀疑主站端的调制解调器有问题。在远动机房 A 变电所信号的调制解调器端子上用示波器测量模拟信号输入波形完好，在调制解调器的时钟输出端测不到时钟方波，表明调制解调器无时钟输出，主站 RTU 解释不出 A 变电所数据，所以报故障。经更换 A 变电所调制解调器，故障消除。

(2) 排除法

在多数情况下，我们不能很好的判断出远动装置故障的原因在哪一方面，用排除法可以确定出故障所在的部分，然后具体进行检查并排除。由于

自动化系统比较复杂，它涉及变电所一、二次设备，远动终端，传输通道，计算机系统。应从各个部分之间的联系点分段分析，缩小故障范围，快速准确地判断出自动化设备还是相关的其他设备故障。例如：某远动装置不能正常工作，对断路器遥控时，主变电所断路器信号不变位。应首先与所内值班人员核对断路器实际是否动作，若动作则为遥信拒动，检查 RTU 遥信处理及信号电缆；若断路器未动作，应下令变电所内操作断路器，检查是否动作，若不动作则故障原因在变电所内断路器控制回路及断路器机构；若变电所内操作正常，则为自动化系统故障，应认真检查通道及 RTU 各功能板、执行继电器等相关部分。

（3）**替换法**

替换法在多数的情况下，在现场无法确定故障的原因，使用替换法更换那些可疑的芯片，有助于诊断故障的所在，排除故障原因。但这种方法需要工作人员了解各种芯片在电路中所起的作用，才能有目的地更换，否则也只能是盲目地更换，延长故障处理的时间，并不能找出故障的真正的原因。如远动终端开机后，显示提示符正常，但是自恢复电路不断的重新启动，装置不能进入正常的工作，或是工作的时间不长又重新启动，根据这一现象进行分析：开机后出现提示符说明总线系统正常，原因可能在与中断信息相关的器件上，用替换法更换一些相关的芯片，以便查出故障的原因。此时最简单的方法就是将中断部分相关的芯片全部都换掉，若机器恢复正常运行，则确定该故障就是出在这部分。这时可以用更换下来的芯片去替换那些正常的芯片，当某芯片换回时故障重新出现，则确定故障就是出在这个芯片上，这种做法有利于迅速排除故障恢复 RTU 正常运行，同时也可以降低芯片不必要的浪费。

（4）**综合法**

综合法就是把测量法、排除法和替换法统一起来进行分析处理故障。这种方法对一些比较复杂的故障，能及时准确地找出故障的原因并排除掉。例如，A 变电所某遥信在合位，当调度端显示时合时分，到达现场发现当地遥信显示也是这个现象。首先用万用表测量该遥信输入端子，发现有稳定的 $+24V$ 电压输入，说明与外部回路无关，排除外部的干扰，那么就可能是遥信板故障。很容易想到 TS 板该遥信输入回路中的光耦损坏，替换掉该光耦，现象不变，排除光耦故障后，分析会不会是 8279 芯片有问题等。

三、远动故障的查找步骤

对于远动系统的故障，查找的步骤可以从以下几个方面入手。

（1）先对传输设备故障的检查

对于音频传输方式，远动信号接上后，要先用耳机在输入和输出听一听，是两个频率还是单一频率，两个频率是数据信号，上行信号一般是双音；单一频率是测试频率，下行可能是单音，但下行在定时发校时命令的时候也是双音。有的人形容双音像蟋蟀叫，单音像蝉叫。听到音，证明路已经修通。有经验的人从音的高低度、纯洁度、清晰度就能大概判断远动信息能不能上传，不能上传的原因在哪里。

听完后要用选频电平表选测频率，看在哪个频点摆动到最大值，来确定远动的实际波特率。最好是让远动设置测试频率，用选频表选测或用频率计测量，有些万用表也带有测频率挡。如频率与规定值有差别，应告知远动设备方进行频率校对并调整。如听或量到有第三频率，如 300 波特有 3000Hz，肯定是远动设备出了问题。

（2）再检查传输设备的传输质量

要从以下六个方面着手。

① 首先是传输电平的衔接要一致。一般规定是 0dB 进，0dB 出。但现场有许多不符之处，如远动设备输出不可调整或调整范围小，远动设备到传输设备的接入点音频电缆过长。一般输入在 $-20 \sim +10$dB 都认为正常，在传输设备上应能进行调整。如电力载波，外线发送保证相对于话音信号来讲，300 波特比话音低 8dB；600 波特比话音低 3.5dB；传送 1200 波特时不传话音，电平按话音电平标准调整。输出在 10dB 应为良好正弦波，范围也为 $-20 \sim +10$dB 根据远动设备需要可调。还要注意有的传输设备输入接口额定电平不是 0dB，而是 -14dB，0dB 电平接入将造成过负荷产生严重失真。

② 接口阻抗要匹配。远动设备的 MODEM 收发与传输设备的收发接口处的阻抗，规定均为平衡式 600Ω。

③ 应有足够的杂音防卫度。电力部原标准规定为 17dB，而一般载波机都能达到 25dB 以上，光端机则更高。

④ 根据波特率要提供足够的通频带。300 波特传送 2850Hz 和 3150Hz，取 2550 ~ 3400Hz 带宽；600 波特传送 2680Hz 和 3080Hz，取 2200 ~ 3400Hz 带宽；1200 波特占用 300~3400Hz 全部话频带宽。电力载波应据需要可调，如思达高科生产的 DPLC-2000 电力载波机具备带宽可调功能；而光端、微波、扩频等设备一般用四线 E/M 通路中的收发通路，应是 300~3400Hz 全部话频带宽无需调整。

⑤ 收发信通路要有 60dB 以上的串音防卫度。在现场发现过光端机二四

线转换程序设置错误，收发严重互串的实例。也有收发线接成鸳鸯线对的例子。

⑥ 传输波形失真度要小。在输入端和输出端用示波器观察波形，应基本一致。

（3）关于数字传输方式的检查

数字接口，通常用 RS-232 接口，需要注意的是设备接口之间的连线距离不能过长。标准是 15m，最好是两设备机架相邻，或在同一机房。最远是相邻机房，不能超标准过多。如超过几十米，应用 RS-422 或其他接口方式进行转换。

对于 RS-232 接口，远动设备（也包括其他终端设备，如计算机）发送应能量到电压，一般应为± （2～12)V 左右，接收量不到电压；载波、光端等传输设备发送量不到电压，接收应能量到± （2～12)V 左右的电压。其接法是：

远动设备—传输设备（应实现输出端的发接接收端的发，收接收）；

传输设备—传输设备（发接收，收接发）。

不管哪种设备之间的连线，都要注意地线要接在同一地上。RS-232 标准插头不管是 9 针的，还是 25 针的，都有一个是地线，一定要将其连通。总的来说连接的口诀是：有电接无电，无电接有电，收发莫接错，共地是关键。

通过以上几个步骤的检查，远动仍然不通或误码率高，最后可用分段自环法来判断压缩产生故障的范围。方法是一端发出同步字、校时命令或报文，在收端用计算机观察数据，收到的数据应与发出的一致，如果收不到或误码，则故障就在环路以内。

MODEM 输出对输入自环——检查 MODEM 本身；

传输设备输入线对输出线自环——检查连接线；

本端传输设备高频自环——检查本端传输设备；

对端传输设备输出对输入大环路自环——检查通道及对端传输设备。

大环路自环，将是上下行两个通道的相加，所以误码率将叠加。但也是现场调试经常使用的方法之一。

四、远动装置常见故障分析及处理

由于远动系统是为调度控制中心提供实时数据，实现对远方运行设备的监视和控制。因此，远动系统成为电力调度中心的耳目和手足。它运行的可靠性直接关系到电网、设备的安全运行，其重要性非常高。现将远动系统中

（不包括一次设备）常出现的主要典型问题进行如下分类，并进行分析。

1. 综合类故障

（1）**故障现象**：某站远动信号无法接收。

故障原因

① 该 RTU 控制单元主板损坏。

② 该 RTU MODEM 板或规约板损坏。

③ 该 RTU 工作电源损坏。

④ 该站远动通道中断。

⑤ 该站远动信号所对应受端通道柜处转接线虚接或开焊。

⑥ 该站远动信号所对应受端 MODEM 板的设置错误或损坏。

⑦ 主站对该厂站属性的定义错误或丢失。

（2）**故障现象**：多路远动信号无法接收。

故障原因

① 多路远动信号共同经过的通道中断。

② 远动主站前置机内的接收卡或外置的终端服务器损坏。

③ 主站通道柜损坏。

④ 主站 MODEM 池电源损坏。

（3）**故障现象**：某路远动信号可以接收，但误码率很高。

故障原因

① 该路远动信道质量差。

② 远动信号的特征频率出现偏差。

③ 远动信号电平值过低。

（4）**故障现象**：某变电所远动频繁投入退出，投退间隔时间 3～7min 不等，并且有几个 YC 量固定不变。

现场情况：RTU 电源各指示灯均正常，主通信模板 NSBC9800 上的三个数据口发送状态二极管同时闪烁和熄灭，时间 3～7min 不等。同时，第一块 YC 板（9810）上的一对板间通信灯 DS3 和 DS4 常灭。

检查分析及处理：首先将一块好的 YC 板换下该 9810 板，开机后 RTU 工作正常，那么问题就出在该 YC 板上，仔细检查，发现并行总线驱动器 SN75174 和 SN75175 坏，更换后再将该板插入机箱，RTU 工作正常。

（5）**故障现象**：某变电所远动频繁投入退出，投退间隔时间大约为 1min。

现场情况：RTU 电源各指示灯均正常，主通信模板 NSBC9800 上的三个数据口发送状态二极管同时闪烁和熄灭，闪烁和熄灭的时间相仿，大约都

1min 左右，其余各板工作正常。

检查分析及处理：首先换上一块好的主板后，RTU 工作正常，可以肯定问题出现在该主板上，仔细检查该板，手触摸到两片 8253 芯片时，发现烫手，逐一换上两片好的芯片，再将原主板插入 RTU 机时，RTU 机工作正常。但过了几天又出现同样的故障，仔细查找原因，发现＋5V 直流电压的输出只有＋4.7V，将直流电压输出微调到＋5.2V 后，RTU 机工作一直正常。

(6) **故障现象**：某变电所遭雷击后，微波通信和远动信息全部中断。RTU 电源输入指示灯亮，直流＋24V 输出灯亮，直流＋5V、＋12V、－12V输出指示灯均灭，机箱内各板的自诊断和在线状态监视用发光二极管均无指示。

检查分析及处理：先用万用表测得 RTU 电源输入为交流 220V，输出有直流＋24V，但＋5V、＋12V、－12V 直流均无输出，将各板全部抽出，开机空载上述现象依旧，怀疑电源损坏，更换电源后，再开机仍是以上现象，仔细检查整个 RTU 远动屏，发现 RTU 机后面背板上有多处焅迹，并且连接 RTU 机和端子排的扁平电缆也有损坏，将 RTU 机箱和扁平电缆整个更换后，RTU 工作恢复正常。

(7) **故障现象**：光纤通道上行信号接收正常，下行通道数据不正常。

检查分析及处理：通过示波器可测得下行信号的波形是否正常，如不正常，则是主站系统有问题。如波形正常，则在 RTU 端将下行通道与上行通道进行环接，下发遥控征询命令或对时命令，观察上行通道接收的信息与下发命令是否一致，若一致，说明通信设备没有问题，问题在远动设备上。若不一致，则说明通信设备有问题。

(8) **故障现象**：通信控制器与调度通信中断。

检查分析及处理

① 调制解调器与通道连线中断。重新接线。

②调制解调器故障

a. 更换调制解调器；

b. 调制解调器参数不匹配；

c. 更换调制解调器或调整参数。

③ 调制解调器失电或电源故障。查找失电原因，排除电源故障，恢复供电。

④ 通信接口故障。更换通信接口插件。

⑤ 外部故障。排除外部故障。

（9）在带电的电流互感器二次回路上工作时，应采取的安全措施

① 严禁将变流器二次侧开路；

② 短路变流器二次绕组，必须使用短路片或短路线，短路应妥善可靠，严禁用导线缠绕；

③ 严禁在电流互感器与短路端子之间的回路和导线上进行任何工作；

④ 工作必须认真、谨慎，不得将回路的永久接地点断开；

⑤ 工作时，必须有专人监护，使用绝缘工具，并站在绝缘垫上。

（10）在带电的电压互感器二次回路上工作时，应采取的安全措施

① 严格防止短路或接地，应使用绝缘工具，戴手套，必要时，工作前停用有关保护装置；

② 接临时负载，必须装有专用的刀闸和可熔保险器。

（11）远动装置安装的安全要求

① 电压回路应装容量适当的保险丝；

② 远动装置的金属外壳应与接地网牢固连接；

③ 远动装置安装地点应综合考虑防尘、温度和运行上的方便并尽量缩短电缆连接线；

④ 远动装置电源要求可靠，应采用不间断电源。

2. 遥测类故障

造成遥测故障的原因很多，我们可以根据遥测测量实现的原理，逐一进行排除。首先用表计测量该路遥测的二次输入端，检查输入的二次电压、电流的数值和相序是否有误，电压保险是否熔断。此外，还应检查后台或调度端标度变换系数是否填写正确。

（1）**故障现象**：某变电站 1 号主变低压侧有功、无功均显示为零，其带的 10kV 分路均正常。该站属于交流采样。

检查分析及处理：首先测量该线路的二次电压、电流输入，数值正常，检查调度端标度变换系数正常，怀疑是接线有错误。但经检查后证明接线并无问题。询问当值运行人员后得知，当天主变事故跳闸现象后又恢复正常运行，结果出现了这种现象。进一步检查后发现主变模块有烧毁痕迹，更换新模块后恢复正常。

（2）**故障现象**：某一路遥测值不准。

故障原因

① RTU 该路采样小 TA 精度不准或损坏（交流采样）；

② 该路变送器精度不准或损坏（直流采样）；

③ 二次回路电流缺相；

④ 二次回路电压保险断或接触不良（直流采样）；

⑤ 遥测采样值越限；

⑥ 遥测值符号定义不对（正确定义为进母线为负，出母线为正）；

⑦ 站端更换测量 TA 后未及时更改接线系数；

⑧ 站端测量 TA 不准。

检查分析及处理：远动与保护或测量连接的二次回路接线错误：以两表法测量为例，电流接入线 A 相与 C 相接反则无功为零有功为负数；电流接入线 A 相输入和 A 相输出接反则有功为零无功为负数（数值不对）；电流接入线 C 相输入和 C 相输出接反则有功为零无功为正数（数值不对）。

（3）**故障现象**：多路遥测值不准。

故障原因

① RTU A/D 转换板坏，同时装置显示自检故障，各类遥测值不显示；

② RTU 某块电流采样板损坏；

③ RTU 某块电压采样板损坏；

④ RTU 采样小 TV 精度不准或损坏；

⑤ 遥测值定义属性时单双极性错误：当双极性数定义为单极性时则负数无法显示；

⑥ 某段现场总线或网络损坏（综自站），显示"自检故障"。

（4）**故障现象**：主站端显示某线路有功 P 或无功 Q 数据为零。

故障原因

① 二次接线有错误；

② TV 消失；

③ 辅助电源或工作电源失电；

④ 测量单元有故障；

⑤ 后台系数为零。

（5）**故障现象**：遥测数据不更新。

故障原因

① 测控单元失电；

② 测控单元故障（采样输入回路故障、A/D 变换回路故障）；

③ TV 回路失压；

④ TA 回路短路；

⑤ 通信中断；

⑥ 人工禁止更新；

⑦ 前景与数据库不对应；

⑧ 其他原因。

3. 遥信类故障

常见的遥信故障是漏报、误报和错报。处理遥信故障首先要进行故障定位，可用万用表直流电压挡测量遥信输入端子和遥信公共之间的电压，若有遥信信号上报，采集点 K 闭合，电压应为零；或用短接线将遥信输入端子和遥信公共直接短接，模拟遥信变位，观察装置反应是否正确。这样即可判断出是装置本身问题还是外部辅助接点问题，然后再分别进行处理。对于遥信错报还应检查数据库相应遥信名称是否有误。

（1）**故障现象**：某变电站开关板开关不变位，开关实际位置是合位，调度端画面显示分位。

检查分析及处理：首先用万用表测量遥信输入端子和遥信公共之间的电压，如果为零说明刀闸遥信信号输入正确。更换遥信插件，此遥信反应正确。观察原遥信插件，怀疑对应开关遥信的电路部分有问题，更换电路元件后此故障消除。

（2）**故障现象**：遥信误动。

故障原因

① 断路器辅助触点抖动；

② 遥信回路电阻过大，信号衰减过大；

③ 工作电压和遥信板输出电压过低；

④ 电磁干扰和接地不良也会引起误发遥信；

⑤ 程序设置中遥信去抖动时间过短。

（3）**故障现象**：某一路遥信不对。

故障原因

① 该路遥信所对应断路器辅助触点不通；

② 该路遥信在参数定义库中定义不对；

③ 该路遥信电缆断；

④ 该路遥信 RTU 传动小开关损坏或者遥信端子箱接线接触不良。

（4）**故障现象**：多路遥信不对。

故障原因

① 该 RTU 某块遥信采集板损坏；

② 该 RTU 遥信采集单元主板或电源损坏。

（5）**故障现象**：大量开关变位时有遥信丢失现象。

故障原因：RTU 雪崩处理能力不够。

（6）**故障现象**：开关变位，主站遥信无反应。

故障原因

① 主站处理信息时丢失；

② 因通道故障而丢失；

③ RTU 故障，遥信未反应；

④ 开关辅助接点接触不良或继电器未动作。

（7）**故障现象**：调度端遥信反应不正确。

检查分析及处理：首先弄清接入的 YX 开关的接点是常开还是常闭；其次在现场检查 YX 输入端接点状态是否与开关位置一致；若不一致，则问题出在保护或辅助接点不好，通知有关部门处理；若一致，则问题出在 YX 接口部分，更换光隔板即可。最后做 YX 传动试验，以检验其正确与否。

（8）**故障现象**：模拟盘上某一厂站的一个遥信不对位。

检查分析及处理：自动化人员应及时在运行日志中记录通知故障现象发生的时间、通知人员姓名等内容。然后根据故障现象查找有关设备，以便决定下一步的处理方案。首先，检查前置机以及该厂站远动装置工作状态是否正常，如有故障，则通知自动化和远动有关维护人员检查相应的装置；在远动装置正常的情况下，核对前置机上该厂站的该遥信与模拟盘上的相应遥信是否一致；如果不一致则检查模拟盘上的相关模拟元件是否损坏，如果损坏，则通知自动化维护人员更换相应的模拟元件；如果该遥信与模拟盘上的相应遥信一致，则有可能是厂站端的遥信状态不对应，应该通知远动有关人员检查相应的装置。

待故障处理完毕，设备恢复正常后，自动化运行人员应及时通知调度值班人员设备恢复正常，并在运行日志中记录设备恢复正常的时间、通知人员姓名等信息。

（9）**故障现象**：某遥信信号不对位。比如是第 13 个遥信，断路器不论是在"合"位还是在"跳"位，调度端看到的都处在"跳"位。

检查分析及处理：首先要判断出问题是出在调度端还是在变电站端，排除问题出在调度端后，再去变电站处理遥信问题。

在变电站，要判断问题是在远动装置还是在外部回路。检查时，不必操作断路器，可以在远动装置遥信电缆的对端用短路线短接遥信对应的端子或暂时拆开一根对应的遥信信号线，来模拟断路器的"合"与"断"。检查结果，遥信信号送来正确，而远动装置仍然反映断路器处在"断"位，这说明远动装置里面有故障。

利用转接板，将第 13 遥信对应的模板转接出来，根据图纸找出第 13 遥信对应的光电耦合器。用万用表测量集电极对地的电压，发现无论第 13 遥信输入线与遥信公共极短路与否，该处电压保持不变，基压在 5V 左右。由此判定，光电耦合器可能损坏。

更换同类型的光电耦合器后，远动装置可正确反映出断路器所处的位置。

(10) **故障现象**：实际遥信状态错误。

故障原因

① 遥信端子的输入状态是否正确；

② 遥信端子的跳线（如果有）状态是否正确；

③ 遥信属性中的"子站取反"功能是否正确；

④ 遥信电缆（排线）是否正确。

(11) **故障现象**：遥信变位慢。

检查分析及处理

① 查参数。检查相应遥信的实际库中的（高级）属性"产生变位遥信队列"选项是否有效。

② 查报文。看对方发给遥信状态时是否及时。通常，保护装置上传遥信状态比较慢，例如，SEL2020 上报保护报文的时间往往会在保护动作发生后的 10~30s 后才上报 RTU。

③ 检查规约处理变位遥信是否正确。新编规约可能会遇到此类问题。

(12) **故障现象**：有 SOE 但没有变位遥信。

检查分析及处理

① 参数错。检查相应遥信的实际库中的（高级）属性"产生变位遥信队列"选项是否有效。

② 只收到 SOE 但没有收到变位遥信。这种情况通常发生在"重合闸"等变化较快的保护遥信上（遥信发生变化后还没等到发送就又变了回去）。绝大多数 RTU 没有变化遥信队列，从而无法很好地解决该问题。通常大部分用户对这种现象也能理解，并不需要解决。

③ 该遥信是虚拟遥信，且原遥信状态没有复归。目前新上保护系统几乎都是采用微机保护系统。该类保护系统几乎都是采用上报保护动作报文的方式上报 RTU，由 RTU 将该保护动作报文翻译成相应的动作遥信（虚拟保护遥信）及 SOE。这类遥信在保护动作发生后通常需要"复归"一下（将遥信由合复归为分），才能保证下一次保护动作时有变位遥信发生，否则就会产生"只有 SOE 没有遥信变位"的现象。

④ 对方重复发 SOE。这通常是对方规约处理方面的问题。收到的 SOE 时间可能相同也可能不同。这类错误只有通过捕捉到多余的 SOE 报文的方式才能证明。

⑤ 发送"变位遥信"的报文丢失。这种现象应该不多，但若通信质量较差，就不可能避免该现象发生。

（13）**故障现象**：只有变位遥信没有 SOE。

检查分析及处理

① 因通信误码而丢失 SOE 报文。若偶尔没有 SOE，则可能是这个原因（新 FDKBUS 规约采用确认方式发送 SOE，若没有发生复位，则不会丢失 SOE）。

② 对方不支持 SOE 报文。这种情况通常发生在与直流屏等设备接口时，有时虽然采用标准的规约，如 CDT92 规约等，但对方往往不发送 SOE 报文，只发送遥测、遥信报文。若遇到这种情况，则可采用"主站生成 SOE"的方式，由模块生成 SOE。

③ 对方的某种遥信不生成 SOE。这种情况是指对方有 SOE 报文，绝大多数遥信变位时也有相应的 SOE，但个别遥信却没有 SOE 的情况。这种情况非常少见，目前只在与 DF3210 保护管理机通信时发现这种现象。该现象可采用该遥信由"主站产生 SOE"的方式解决。

④ SOE 时间错。这种现象的典型特征是"实际库有 SOE"而"逻辑库没有 SOE"。通过查看实际库 SOE 的方法立即就能发现该类错误。出现该现象说明系统时钟有误，或 SOE 报文解释有误，或相关对钟报文有误。应查明原因，相应解决。

4. 遥控类故障

在电力系统中，所谓遥控就是调度中心发出命令，控制远方发电厂或变电站的断路器等设备的分或合操作。对于变电站而言，倒闸操作、送负荷、低频减载装置、投切电容器等都涉及开关操作，均可通过遥控来实现。此外，有载调压变压器分接头控制也可由遥控来完成。与遥控相关的命令有：遥控选择命令、遥控执行命令、遥控撤销命令。

遥控常见的故障是遥控命令无法执行。处理此类问题可首先检查跳闸、合闸及执行继电器，直观判断各继电器有无损坏迹象。若继电器完好，可用万用表测量遥控出口，观察主机下达遥控执行后，此遥控命令是否通过出口继电器启动操作回路。此外，遥控命令下达前要判遥控对象的遥信实际位置，返校正确后才能执行。

（1）**故障现象**：遥控无法执行。

故障原因

① 该站下行通道断。

② RTU 遥控出口继电器损坏。

③ RTU 遥控执行板损坏或遥控执行继电器触点接触不良。

④ RTU 遥控输出压板没投。

⑤ 主站或分站设备参数定义错误。

⑥ 分站设备转换开关在"就地"位置，没有在"远方"位置。

（2）**故障现象**：遥控执行时好时坏。

故障原因

① 遥控程序对远动规约理解不对，例如遥控返校随机乱插。

② 通道误码率太高，遥控返校不成功。

（3）**故障现象**：误控其他断路器。

故障原因

① 人为因素误选中其他变电站断路器，导致误动。

② 主站与分站遥控点号对应有误。

（4）**故障现象**：遥控误动作。

检查分析及处理：从运行统计分析，主要有以下几个方面。

① 远动终端设计有缺陷，保护环节不可靠。

② 断路器机构失灵，远动出口继电器触点粘住。电网原遥控执行盘采用一只"合"或"跳"的继电器的四对触点分别控制四台断路器，在断路器的机构失灵、辅助触点断开慢由远动的出口继电器断弧而造成触点粘住，引起误动作的情况，应逐步改造为一只继电器只对应一台断路器，以避免出现类似现象。

③ 遥控执行盘质量不佳，出口继电器质量不稳定。执行盘生产厂家焊接引线时用的助焊剂清洗不彻底，造成积尘；继电器质量不良。

（5）**故障现象**：遥控命令发出，遥控拒动。

检查分析及处理

① 开关柜就地/远方在就地位置。将就地/远方位置从就地位置转换到远方位置。保护屏、测控单元就地/远方在就地位置，将就地/远方位置从就地位置转换到远方位置。

② 遥控连接片未投。投入遥控连接片。

③ 测控单元继电器故障。更换测控单元继电器或控制插件。

④ 控制回路断线。修理控制回路。

⑤ 没有操作电源。查找没有操作电源的原因，恢复操作电源。

（6）**故障现象**：遥控返校错误。

检查分析及处理：若是偶尔返校错误，则多半是真正的返校错误（硬件校验出错）。而引起该现象的原因多半是因操作引起，如遥控速度太快，即上次遥控执行的时间未到就又下发了遥控预置命令。若是每次都返校错误，则多半是参数有误，可检查相关遥控的点号及属性是否正确。如果硬件发生故障，也能引起这种错误现象。常见的遥控返校错误及处理方式如下。

① 规约处理错误。新编规约可能会出现这种错误。

② 测控单元继电器故障。更换测控单元继电器或控制插件。

③ 通信受到干扰。再操作一次。

④ 测控单元故障。排除测控单元故障。

⑤ 测控单元地址设置错误或冲突。重新设置测控单元地址，更正冲突测控单元的地址。

⑥ 测控单元与通信控制器、前置机等设备的通信中断。检查对应的测控单元，恢复它与通信控制器、前置机等设备的通信。

⑦ 前置机与主机的通信中断。检查并恢复前置机与主机的通信。

⑧ 遥控对象号设置错。重新设置遥控对象号。

（7）**故障现象**：遥控拒动。

检查分析及处理

① 遥控自动撤销时间过短/遥控执行的间隔太长。遥控自动撤销的时间通常由程序内部设定，无法更改。可通过查看 RTU 的撤销时间间隔确定是否因遥控"自动撤销"而引起遥控拒动的现象。近期出厂的模块遥控自动撤销的时间设定为 1min。可在遥控模块前听继电器的声音，若遥控执行前听到继电器的撤销声，便可断定是这类原因。

② 通道误码引起遥控命令丢失。

③ 接线错、执行继电器故障或机构拒动。

接线错经常发生在设备安装时，执行继电器故障或机构拒动现象多发生在设备运行期间，可简单地通过万用表定位这类故障原因。

④ 该遥控被闭锁。检查操作有无违反操作规程。

⑤ 前置机未定义遥控对象号。定义遥控对象号。

⑥ 被控断路器前检修挂牌。确认被控设备是否检修完毕，确认完毕后，拆除挂牌。

⑦ 断路器号或操作对象号错。重新输入。

⑧ 操作者无操作权限，更换操作者。

⑨ 操作口令多次输入错。核对操作口令。

5. 遥调类故障

故障现象：遥调不成功。

故障原因

① 主变挡位无位置信号，造成遥调程序无法执行。很多遥调程序都监视主变挡位位置信号，只有确认主变挡位位置信号正确后才允许遥调。

② 主变有载调压转换开关在"就地"位置，没有在"远方"位置。

③ 分站或主站参数库定义错误。

④ 控制盘中的遥调压板压接不良或没有投入。

远动故障产生的原因是多方面的。做好远动管理工作应重点从如下几方面着手。

① 变电运行人员应加强对远动设备的巡视，做到对远动设备显示的信号和数据变化及时发现。

② 在设备新投入运行、改造时应严格按照调试大纲进行试验，各级验收人员要把好验收关口，对设备做好传动试验工作，杜绝远动设备存在缺陷投入运行。

③ 远动设备维护技术人员应每天对分站遥测、遥信、遥控、遥调等信息进行巡视检查，统计好设备缺陷，按照"四不放过"的原则，分析其产生的原因，结合设备停电及时消缺。

④ 搞好设备的评定级工作，按照设备维护试验周期做好维护工作，保持设备完好率100%。

⑤ 远动技术人员应加强业务学习，对出现的问题做好运行情况分析，不断积累和总结经验，切实提高排除复杂问题的能力。

⑥ 由于厂方与用户站在不同角度，售后服务跟不上，导致处理不够及时，因此，作为用户不能过分依赖厂家技术人员，在远动技术人员的任用上，应要求具备一定的电气专业理论基础和实际工作经验，同时了解计算机和通信技术；在远动设备的选型上应尽量遵循从远动设备到变电站综合自动化设备应选用同一厂家的产品，避免设备选型杂乱，便于运行人员和维护人员熟悉掌握设备使用，为以后的维护提供方便。

五、为了减少故障应采取的措施

① 工作人员必须经过技术考核，持证上岗。

② 定期检查巡视设备，清除积尘，保持设备的清洁卫生，以防元件接触不良或短路烧坏元器件。

③ 保持机柜内的温度，高温时节应打开机柜风扇散热。

④ 设备接地电阻应不大于 0.5Ω。

⑤ 加装防雷和稳压保护装置，以防雷电袭击或电压波动较大时毁坏

设备。

六、处理故障的几个要点

① 认真观察设备平时的运行情况，做好记录存档，以便出现故障时与之比较对照。

② 观察故障时的现场情况，做好缺陷记录。

③ 仔细分析故障的每一个细节和各种可能的原因，初步判断故障的位置。

④ 运用必要的手段进行检查测试，将可能的原因逐一排除，最终找到真正的原因，排除故障。

⑤ 做好检修纪录，总结原因及处理方法，为以后更好地处理故障而积累经验。

附　　录

附录 A　远动设备及系统主要术语[①]

1. 基本术语

远动：应用通信技术，完成遥测、遥信、遥控和遥调等功能的总称。

远程测量（遥测）：应用通信技术，传输被测变量的测量值。

远程信号（遥信）：应用通信技术，完成对设备状态信息的监视，如告警状态或开关位置、阀门位置等。

远程命令（遥控）：应用通信技术，完成改变运行设备状态的命令。

远程调节（遥调）：应用通信技术，完成对具有两个以上状态的运行设备的控制。

远程监视：应用通信技术，监视远方运行设备的状况。

远程调整：将远程监视和远程命令的设备综合成一个闭环系统，通常包括自动决策部分。

远程指令：应用通信技术和远动设备，传输给厂站值班员的调度指令。

远程切换：应用通信技术，完成对有两个确定状态的运行设备的控制。

远方保护：为实现对运行设备的保护，在两个或多个厂站间进行监视和命令信息交换的一种广义概念。具体有载波保护系统、微波保护系统、通信辅助的距离保护系统。

远动系统：对广阔地区的生产过程进行监视和控制的系统，它包括对生产过程信息的采集、处理、传输和显示等全部功能与设备。

数据采集与监控系统（SCADA）：对广阔地区的生产过程进行数据采集、监视和控制的系统。

问答式远动系统：一种远动系统，其调度中心或主站要取得子站的监视信息，需先询问子站，然后子站作出回答。

[①]　摘自：中华人民共和国国家标准 GB/T 14429—93。

远动网络：若干远动站通过传输链路，彼此进行通信联系的整体。

通道（信道）：在数据传输中，传输信号的单一通路或其一段频带。

监视方向：被监视点到监视点的方向，通常指子站到主站的方向。

远动配置：主站与若干子站以及其链路的组合体。

点对点配置：站与站之间通过专用的传输链路相连接的一种配置。

多个点对点配置：调度中心或主站，通过各自链路与多个子站相连的一种配置，主站与各子站可同时交换数据。

多点星形配置：调度中心或主站与多个子站相连的一种配置。任何时刻只许一个子站传送数据到主站；主站可选择一个或多个子站传送数据，也可向全部子站同时传送全局性报文。

多点环形配置：所有站之间的通信链路相连成环状的一种配置。

多点共线配置：调度中心或主站通过一共用链路与多个子站相连的一种配置。任何时刻只许一个子站传送数据到主站；主站可选择一个或多个子站传送数据，也可向全部子站同时传送全局性报文。

总线配置：若干站中任何一站可与其他任意站通信的一种远动配置。

调度中心（控制中心）：监视控制发电、输电或配电网运行的所在地。

远动控制中心：控制远动网络的所在地。

主站（控制站）：对子站实现远程监控的站。

子站（被控站）：受主站监视和控制的站。

集中站：在远动网络中，将各子站的监视信息集中转发到主站，并把来自主站的命令信息分发给各子站的一种远动站。

规约：在远动系统中，为了正确地传送信息，必须有一套关于信息传输顺序、信息格式和信息内容等的约定。这一套约定，称为规约。

链路：站与站之间的数据传输设施。

链路层：链路是开放系统互联参考模型（OSI）的一个层次，借助链路规约执行并控制规定的传输服务功能。

事故追忆：对事件发生前后的运行情况进行记录。

距离控制：通过通信联系对相距一定距离的运行设备进行控制。

自动发电控制：在预定地区内，当电力系统频率或联络线负荷变化时，远距离调节发电机功率，以维持电网频率或确保地区间预定的功率交换。

2. 工作方式

同步传输：一种数据传输方式，代表每比特的每个信号出现时间与固定时基合拍。

同步远动传输：一种远动传输方式，该方式采用了同步信号，同步信号元素之间分为若干时间间隔，间隔的宽度或为单位时间或为其倍数，远动设备以相同速率连续运行于各自的间隔内。

异步传输：一种数据传输方式，每个字符或字符组可在任意时刻开始传输。一旦开始，在字符或字符组中，代表一比特的每个信号出现时刻与固定时基的有效瞬间保持固定关系。

循环传输：一种传输方式，周期地扫描信息源，并按预定顺序传输报文。

单向传输：只可在一个预定方向上传输数据。

半双工传输：可在两个方向上传输数据，但不能同时传输，只可交替地传输。

双工传输：数据传输可同时双向进行。

调制：为了使信号便于传输、减少干扰和易于放大，使一种波形（载波）参数按另一种信号波形（调制波）变化的过程。

脉码调制：一种调制方式，模拟信号被采样，然后将采样值进行量化和编码，用不同类型数目的脉冲和间隔构成信息元素。

解调：从调制的载波信号中将原调制信号复原的过程。

3. 设备

前置机：对进站或出站的数据，完成缓冲处理和通信控制功能的处理机。

远动终端（RTU）：由主站监控的子站，按规约完成远动数据采集、处理、发送、接收以及输出执行等功能的设备。

调制解调器：对远动设备所传送的信号进行调制和解调的设备。

数据终端设备（DTE）：数据站的一种功能单元，它具有向计算机输入和接收计算机输出的能力，以及与数据通信线路连接的通信控制能力。也是具有一定数据处理能力的一种设备。

数据电路终接设备（DCE）：将数据终端设备耦合到传输线路或通道的一种接口设备。

变送器：将输入的某种形式的物理变量按一定规律变换为同种或另一种形式的物理变量。

模拟屏：由电器模拟元件构成，用以显示和控制电网状态的屏。

接口：两个不同系统或实体的交接部分。

4. 信息和命令

信息：人们根据表示数据所用的约定而赋予数据的意义。

状态信息：双态或多态运行设备所处状态的信息。

监视信息：将子站设备的状态或状变传送到主站的信息。

事件信息：有关运行设备状态变化的监视信息。

设备故障信息：表示远动设备故障的信息。

返回信息：表明一个命令是否已被正确接收和执行的监视信息。

辅助信息：用于监控远动系统运行的信息。

告警：当发生某些不正常状态，需提醒人们注意而使用的信息。

被测值：被测的物理或电气的量、特性或状态。

设定值：一种控制变量，用以指定被控变量应设置的数值。

数字值：以数字表示的测量值。

信号：信号由信息转换而来，与信息一一对应，信号通常是一些适于传输的物理标志，如光、电或声等。

模拟信号：以连续变量形式出现的信号。

5. 数据传输

报文：以一帧或多帧组成的信息传输单元。

帧：含有信息、控制和校验区，并附有帧定界符的比特序列。

字：作为整体看待的字符串、二进制元素串或比特串。

八位位组：由八比特组成的序列，作为操作单元。

字节：作为一个整体参加操作，且有一定位数的二进制数目序列组。

比特：量度信息的单位，它代表等概率出现时，"二中选一"所提供的信息量（通常把每一位二进制数称为一比特，而不管"0"和"1"这两个符号出现的概率是否相等）。

地址：报文的部分，用以识别报文来源或报文目的地。

波特（Bd）：数字信号的传输速率单位，等于每秒传输的状态或信号码元数。若一个信号码元代表一个比特，则波特就是每秒传输的比特数。

编码：将数据转换为代码，并可通过译码还原成原来的数据形式。

译码：编码的逆过程。

代码：确定两组字符记号之间关系的一组明确规则。

分组：将一个比特序列作为传输单元，通常再划分为信息比特区和差错校验区。

分组码：一组比特，其中包含信息比特及只使用本组信息比特加工后，作为检错或纠错的校验比特。

检错码：遵循特定结构规则的编码，当接收到报文出现不符合结构规则的差错时，该差错可被检出。

冗余码：所用比特数比严格表示信息所需的位数还多的一种编码，主要用于冗余校验。

校验和：报文中用以检验差错或纠正差错的部分。

6. 技术性能

可用性：指在任一给定时刻，系统或设备可完成规定的功能的能力。通常按 $\dfrac{工作时间}{工作时间＋停工时间} \times 100\%$ 来量度。

可靠性：指在一定时间内和条件下，系统或设备完成所要求功能的能力。通常，以平均无故障时间（MTBF）来衡量。

安全性：防止被控系统处在潜在危险或不稳定状态的能力。用以估价差错信息未被检出或远动设备误动作时，所产生的后果。

绝对时标：随同状变信息传送，且有一定时间分辨率的状态变化时间。

窗口大小：在检出帧差错情况下，自动请求重发之前，允许传送的帧数量。

远动传送时间：指从发送站的外围设备输入到远动设备的时刻起，至接收站的远动设备的信号输出到外围设备止，所经历的时间（远动传送时间包括发送站信号变换、编码时延、传输通道时延以及接收站信号反变换、译码和校验时延，不包括外围设备如中间继电器、信号灯和显示仪表等的响应时间）。

平均传送时间：就远动系统而言，各种输入信号在各种情况下，传输时间的平均值。

最大传送时间：输入信号在最不利的传送时刻送入远动设备，此时的传送时间为最大远动传送时间。

总响应时间：从发送站的事件启动开始，至收到接收站返送响应为止的时间。

循环时间：周期地传送任一信息时，该信息连续出现两次的时间间隔。

平均无故障工作时间（MTBF）：指功能单元在规定寿命期限内，在规定条件下，相邻失效之间的持续时间的平均值。

采集时间：正确检出和处理状变信息所需的最短时间。

时间分辨率：用时间标志标出两事件发生的不同时间时，所采用的最小时间标志（时间分辨率不得小于事件分辨率）。

事件分辨率：能正确区分两相继发生事件顺序的最小时间间隔。

数据传送速率：在数据传输系统中，相应设备之间，每单位时间内平均传送的比特、字符或字符组的数量。

比特率：比特传送的速率，通常以每秒多少比特为单位。

传输效率：准确传送用户数据比特的数目与总传输比特数目之比。

信息丢失率：报文丢失数与发送总数之比。

比特差错率：接收比特不同于相应发送比特的数目，与总发送比特数之比。

残留差错率：未检出的差错报文数或字符数与发送报文总数或字符总数之比。

附录 B　职业技能鉴定（中级工）试题样例（远动自动化相关工种）

第一部分：理论考试试题（共 100 分，考试时间 120 分钟）

一、单项选择题（本大题共 25 小题，每小题 1 分，共 25 分）

在每小题列出的四个备选项中只有一个是符合题目要求的，请将其代码填写在题后的括号内。错选、多选或未选均无分。

1. 事故追忆中记录的信息为（　　）。

A. 将事故发生前后的遥信量信息记录下来；信息量带有时标

B. 将事故发生前后的遥信量信息记录下来；信息量不带时标

C. 将事故发生前后的遥测量信息记录下来；信息量带有时标

D. 将事故发生前后的遥测量信息记录下来；信息量不带时标

2. EMS 的含义是（　　）。

A. 监视控制、数据采集　　　　　　B. 能量管理

C. 调度员模仿真　　　　　　　　　D. 安全管理

3. 调度自动化系统主要由厂站端、（　　）、主站端。

A. 远动前置机　　　　　　　　　　B. 远动信息通道

C. 电源　　　　　　　　　　　　　D. 计算机

4. 500kV 监控系统事故时遥信动作正确率（　　）要求。

A. 90％　　　　　　　　B. 95％　　　　　　　C. 98％　　　　　　D. 100％

5. 遥信板作用是（　　）。

A. 将模拟量变为数字量　　　　　　　B. 将开关量变为数字量

C. 将数字量变为模拟量　　　　　　　D. 将数字量变为开关量

6. RTU 的电源电压一般为（　　）。

A. 交、直流 220V　　　　　　　　　B. 直流 24V

C. 交流 24V　　　　　　　　　　　　D. 直流 110V

7. 当地功能中 GPS 的作用为（　　）。

A. 对当地功能校时

B. 通过当地功能对 RTU 校时

C. 通过当地功能对电量采集装置校时

D. 向调度传送当地的频率值

8. 调度自动化实用化考核指标中"事故时遥信年动作正确率"的要求是（　　）。

A. 基本要求：≥95％，争取：≥99％

B. 基本要求：≥98％，争取：≥99.8％

C. 基本要求：≥99％，争取：≥100％

9. 11110010 转换为 16 进制为（　　）。

A. C3　　　　　　　　B. B4　　　　　　　　C. F2　　　　　　　D. F1

10. 部颁 CDT 规约中，不管同步字、控制字还是信息字一定是（　　）个字节。

A. 2　　　　　　　　　B. 4　　　　　　　　C. 6　　　　　　　D. 8

11. 新部颁 CDT 现场最多可传送（　　）个 YX 数据。

A. 32　　　　　　　　B. 1024　　　　　　　C. 512

12. IEC104 规约数据通道使用（　　）端口号。

A. 2408　　　　　　　B. 2400　　　　　　　C. 2440　　　　　　D. 2404

13. RS-232C 接口标准规定使用 DB-9 连接器且传输速率不高于 20Kbps 时的通信线长度为（　　）。

A. 50m　　　　　　　B. 15m　　　　　　　C. 20m　　　　　　D. 25m

14. 在 IEC 60870-5-101 规约中，总召唤是指控制站在初始化完后，控制站必须获得现场设备的所有（　　）信号和所有的模拟量数据。

A. 状态量　　　　　　B. 遥测量　　　　　　C. 物理量　　　　　D. 数字量

15. 调制解调器的调制部分的作用为（　　）。

A. 将计算机侧数字信号变为通道侧模拟信号

B. 将计算机侧模拟信号变为通道侧数字信号

C. 将计算机侧模拟信号变为通道侧电流信号

D. 将计算机侧数字信号变为通道侧电流信号

16. 传输数字信号的信道中抗干扰能力最强的是（　　）。

　　A. 电缆信道　　　　　　　　　B. 载波信道

　　C. 无线电信道　　　　　　　　D. 光纤信道

17. 若工作负责人需要长时间离开现场，应由（　　）变更新的工作负责人，两工作负责人应做好必要的交接。

　　A. 工作票签发人　　　　　　　B. 原工作票签发人

　　C. 工作许可人

18. 事件顺序记录站间分辨率应小于（　　）。

　　A. 10ms　　　　　B. 20ms　　　　　C. 30ms　　　　　D. 40ms

19. 调制解调器接受电平在（　　）可正常工作。

　　A. 0～－40dBm　　　　　　　B. 0～－20dBm

　　C. 0～－50dBm　　　　　　　D. 0～－10dBm

20. 遥控步骤顺序是（　　）。

　　A. 命令、返校、执行　　　　　B. 对象、执行、撤销

　　C. 执行、命令、返校　　　　　D. 撤销、对象、执行

21. 电路测量回路中不能（　　）。

　　A. 短路二次 TA 回路　　　　　B. 断路二次 TA 回路

　　C. 接地　　　　　　　　　　　D. 带电

22. 遥控跳闸时，由分闸继电器引出两组（　　个）。

　　A. 连接片　　　　B. 压板　　　　C. 动合　　　　D. 动断

23. 遥控跳闸时，闭锁事故音响的方法之一是将遥控屏上的跳闸继电器一对动断触点（　　）在事故音响回路。

　　A. 串接　　　　B. 并接　　　　C. 跳接　　　　D. 跨接

24. 要是主站系统能正确接收到厂站端的信息，必须是主站与厂站端的（　　）一致。

　　A. 设备型号　　　　　　　　　B. 通信规约

　　C. 传输速度　　　　　　　　　D. 应用软件

25. 部颁发 CDT 规约中上行信息帧的插入帧为（　　）。

　　A. B 帧　　　　　　　　　　　B. C 帧

　　C. D1 或 D2 帧　　　　　　　　D. E 帧

二、判断题（本大题共 25 小题，每小题 1 分，共 25 分）

正确的用"√"，错误的用"×"。请将判断结果填写在题后的括号内。

1. 检修设备工作结束，只有在拆除全部安全措施后，方可合闸送电。
（ ）

2. 远动终端中的时钟精度越高，时间顺序记录的分辨率就越高。
（ ）

3. 交流采样是指分站自动化装置直接采集电力电压互感器输出的交流电压和电流互感器输出的交流电流，经计算处理得到全电量的过程。
（ ）

4. 为了解决遥信误、漏报和抖动问题，可采用双位置遥信和提高遥信输入电压等技术手段来提高遥信的可靠性。（ ）

5. 在进行遥控操作过程中，如有遥信变位传送，遥控操作仍有效。
（ ）

6. 在例行检修时，应对厂站端远动遥控回路进行调试，同时与调度主站端进行联调。（ ）

7. 微机监控系统或 RTU 系统必须在无缺陷的状态下进行遥控操作。（ ）

8. 状态量用一位码表示时：闭合对应二进制码"1"，断开对应二进制码"0"。用两位码表示时：闭合对应二进制码"01"，断开对应二进制码"10"。（ ）

9. RTU 只能和一个调度中心进行通信，并且与调度中心之间支持一主一备两个专线通道，主备通道可以采用不同的传输速率。（ ）

10. 调制解调器的一个出口与两个通信设备连接实现双发会影响远动通道的传输质量。（ ）

11. 当通道故障时，常借助测量法判断出故障所在，确定解决方案或应急方案。（ ）

12. 模拟遥测量经 A/D 转换后，结果能表征测量实际值，不需要乘系数。（ ）

13. 如果遥控返校正确，调度端发出遥控执行命令后还可以再撤销这个命令。（ ）

14. 在远动信息的传送方式中，循环传送方式（CDT）比问答传送方式（POLLING）接收遥信变位数据的可靠性高。（ ）

15. 电网调度自动化考核指标分高档指标和一般指标，达到一般指标就能通过考核。（ ）

16. 远动装置的调制解调器（MODEM）一般采用调频。（　　）

17. RTU 的遥信的内外电路一般使用同一组电源。（　　）

18. 在 YX 事项中，SOE 显示的时间精确到毫秒，是指事件发生瞬间 RTU 的时间，开关事项显示的时间精确到秒，是收到事项时主站的时间。（　　）

19. 帧系列采用三种传送方式：固定循环传送、帧插入传送、信息字随机插入。（　　）

20. 1K 字节表示 1024 字节。（　　）

21. 信号传输速率即每秒钟传送的码元数，单位为波特（band）。信号传输速率又称波特率。（　　）

22. 在 CDT 规约中每一帧均由同步字、控制字、信息字组成。（　　）

23. 远动终端系统停运时间应包括各类检修、通道故障。

24. RTU 中的 RAM 主要用于存放遥测、遥信等的实时数据。（　　）

25. 遥控误动一定是现场接线接错造成的。（　　）

三、简答题（本大题共 6 小题，每小题 5 分，共 30 分）

1. 通常 RTU 的各种信息按其重要性是怎样分级的？

2. 自动化设备的检验分为哪几种？

3. 上行、下行数据包括哪些？

4. 安装的设备在遥测量调试时，如果出现显示不对时，可能是哪几种原因造成的？

5. 怎样进行遥控操作？

6. 部颁 CDT 规约中遥控返校命令的功能码是什么？CCH、33H、FFH 各代表什么？

四、计算题（本大题共 1 小题，共 5 分）

某发电厂 2006 年被上级部门确认的事故遥信动作总次数为 20 次，正确动作次数为 19 次，拒动 0 次，误动 1 次，求该发电厂 2006 年事故遥信年动作正确率是多少？

五、作图题（本大题共 1 小题，共 5 分）

画出微机远动装置遥测原理框图。

六、论述题（本大题共 1 小题，共 10 分）

什么叫通信规约？它主要规定哪些方面的内容？

第二部分：技能操作试题（共 100 分，考试时间 150 分钟）

＊＊年度职业技能鉴定"电网调度自动化厂站端检修员"中级工技能考核试卷

考号＿＿＿＿＿ 单位＿＿＿＿＿ 姓名＿＿＿＿＿ 成绩＿＿＿＿＿

项　目	技　术　内　容	质量要求	评分标准	得分
1. 参数检测(20 分)	遥信量现场检测			
2. 传动试验(20 分)	主站与厂站端遥信信号传动试验			
3. 通道检查(30 分)	远动上行通道的检查			
4. 故障的检查和判定(30 分)	处理调度端模拟盘某厂站的一个遥信不对应			
记　事		主考签字： 辅考签字：		

考核时间：　年　月　日

第三部分：理论考试试题答案

一、单项选择题

1.（D）；2.（B）；3.（B）；4.（D）；5.（B）；6.（A）；7.（A）；8.（A）；9.（C）；10.（C）；11.（C）；12.（D）；13.（B）；14.（A）；15.（A）；16.（D）；17.（B）；18.（B）；19.（A）；20.（A）；21.（B）；22.（C）；23.（A）；24.（B）；25.（D）。

二、判断题

1.（×）；2.（√）；3.（√）；4.（√）；5.（×）；6.（√）；7.（√）；8.（×）；9.（×）；10.（√）；11.（√）；12.（×）；13.（×）；14.（×）；15.（√）；16.（√）；17.（×）；18.（√）；19.（√）；20.（√）；21.（√）；22.（×）；23.（√）；24.（√）；25.（×）。

三、简答题

1. 通常 RTU 的各种信息按其重要性是怎样分级的？

答：第一级是遥信，要用最短的周期对遥信进行扫查；第二级是重要的遥测量；第三级是其他遥测量。这种区别对待的方法可以使遥信变位信息在最短的时间传送到主站。

2. 自动化设备的检验分为哪几种?

答：新安装设备的验收检验，运行中设备的定期检验，运行中设备的补充检验。

3. 上行、下行数据包括哪些?

答：上行数据包括遥信、遥测、电度量 和事件顺序记录信息。

下行信息包括对时、遥控、遥调、信号复归。

4. 安装的设备在遥测量调试时，如果出现显示不对时，可能是哪几种原因造成的?

答：(1) 远动装置遥测量接入顺序与调度端监控系统的显示顺序不一致。

(2) 变送器输出有误。

(3) 工程量系数值不对。

5. 怎样进行遥控操作?

答：遥控操作的基本步骤如下：①选择遥控对象；②选择遥控性质（合闸或跳闸）；③执行遥控命令。

6. 部颁 CDT 规约中遥控返校命令的功能码是什么? CCH、33H、FFH各代表什么?

答：遥控返校功能码是 E1H，CCH 代表合闸，33H 代表分闸，FFH代表返校错。

四、计算题

某发电厂 2006 年被上级部门确认的事故遥信动作总次数为 20 次，正确动作次数为 19 次，拒动 0 次，误动 1 次，求该发电厂 2006 年事故遥信年动作正确率是多少?

解：
$$正确率 = \frac{19}{19+0+1} \times 100\% = 95\%$$

五、作图题

画出微机远动装置遥测原理框图。（　　）正确画出结构 5 分，错（少）画一个扣 1 分；标注清楚 1 分，大部分标注错误不给分。（　　）

解：

模拟量 → 变换器 → 电压形成回路 → 采样保持 → A/D → CPU / 存储器

六、论述题

什么叫通信规约? 它主要规定哪些方面的内容?

答：在通信网中，为了保证通信双方能正确、有效、可靠地进行数据传输，在通信的发送和接收的过程中有一系列的规定，以约束双方进行正确、协调的工作，我们将这些规定称为数据传输控制规程，简称为通信规约。当主站和各个远程终端之间进行通信时，通信规约明确规范以下几个问题。

① 要有共同的语言。它必须使对方理解所用语言的准确含义。这是任何一种通信方式的基础，它是事先给计算机规定的一种统一的，彼此都能理解的"语言"。

② 要有一致的操作步骤，即控制步骤。这是给计算机通信规定好的操作步骤，先做什么，后做什么，否则即使有共同的语言，也会因彼此动作不协调而产生误解。

③ 要规定检查错误以及出现异常情况时计算机的应付办法。通信系统往往因各种干扰及其他原因会偶然出现信息错误，这是正常的，但也应有相应的办法检查出这些错误来，否则降低了可靠性；或者一旦出现异常现象，计算机不会处理，就导致整个系统的瘫痪。

第四部分：技能操作试题及评分样例

附表 1

工种：电网调度自动化厂站端检修员			等级：中级工	
考核时间：30 分钟		题分：20 分		
考核题目：遥信量现场检测				
工具、材料、设备、场地		螺丝刀、万用表、0.2 级钳形表、现场实际设备		
说明事项		1. 1 人协助操作，但协助人不得提示，只是监护操作人 2. 视现场情况可实际操作或操作演示 3. 安全文明操作演示		
评分标准	序号	操作步骤及方法	质量要求	评分标准	得分
	1	首先确定主机工作正常，主机本身的显示面板或便携终端正常	主机启动正确，正确判断主机的工作情况(5分)	不能正确判断主机的工作情况扣5分	
	2	在遥测输入回路接上钳形表测电压电流	用钳形表量测遥测，正确使用钳形表(10分)	钳形表使用不当扣 5 分；接线方法不对扣5分	
	3	在显示面板和钳形表上看遥测值比较差异	比较误差结果应小于 5/1000(5分)	不能正确判断扣5分	
记事			主考签字： 辅考签字：		

考核时间： 年 月 日

附表 2

工种:电网调度自动化厂站端检修员				等级:中级工	
考核时间:30 分钟			题分:20 分		
考核题目:主站与厂站端遥信信号传动试验					
工具、材料、设备、场地		调度自动化系统、厂站信息测试记录、值班日记			
说明事项		需要保护等专业配合完成,传动开关可选择冷备用设备			
	序号	操作步骤及方法	质量要求	评分标准	得分
评分标准	1	传动前的准备工作:首先与厂站人员联系,确定传动内容,准备好传动测试记录表(测试表应包含厂站名、开关名、传动内容、SOE 反应、推画面情况、事故追忆情况等)	联系工作熟练,测试记录表准备项目齐全(5分)	联系工作不熟练扣1~3分,测试记录表准备项目不齐全扣1~3分	
	2	分合闸传动:在得到厂站端人员的传动通知后,监视告警信息窗合画面上相应开关的反应情况,并将反应情况回馈给厂站端人员,确认是否与实际情况一致,做好记录	与厂站端人员配合默契,思路清晰(5分)	配合不好扣1~2分;传动不能有效监视扣1~2分	
	3	将告警信息中提示的开关变位时间与 SOE 信息的时间进行核对,确定厂站端的 RTU 的对时与 SOE 功能是否正常	核对正确(5分)	核对不正确扣5分	
	4	模拟事故传动:在得到厂站端人员的传动通知后,可以将画面切换到非传动厂站,监视告警信息窗口中的告警信息是否提示开关的事故变位,观察事故推画面的情况。观察 SOE 的记录时间,做好记录	与厂站端人员配合默契,思路清晰(5分)	配合不好扣1~2分;传动不能有效监视扣1~2分;记录不清晰扣1~2分	
记事			主考签字:辅考签字:		

考核时间:　　年　　月　　日

附表 3

工种:电网调度自动化厂站端检修员				等级:中级工	
考核时间:40 分钟			题分:30 分		
考核题目:远动上行通道的检查					
工具、材料、设备、场地		前置机、SCADA 工作站、MIS 工作站			
说明事项		独力完成			
	序号	操作步骤及方法	质量要求	评分标准	得分
评分标准	1	工作准备:通道配线表,通道参数表	准备充分(2分)	未准备不得分	
	2	检查通道运行情况:检查前置机 RTU 接收码,通道误码率	操作规范(2分)		
	3	判断故障1(若接收不到数据):检查远动通道配线架对应通道线是否松动	操作规范(3分)	此项目未检查不得分(若故障点已经找到不扣分)	
	4	判断故障2(若接收不到数据):用万用表直流电压挡测试远动配线架对应通道"收"与"地"电平,应有电平变化(波特率不同,电平变化不同)	操作规范(3分)	此项目未检查不得分(若故障点已经找到不扣分)	

续表

	序号	操作步骤及方法	质量要求	评分标准	得分
评分标准	5	判断故障3（电平无变化或无电平）：与通信专业人员配合检查通信与远动线路	操作规范（3分）	此项目未检查不得分（若故障点已经找到不扣分）	
	6	判断故障4（通道设备检查）：检查远动通道板（如MODEM等）设备	操作规范（3分）	此项目未检查不得分（若故障点已经找到不扣分）	
	7	判断故障5（通道参数检查）：参数设置应与备份参数一致	操作规范（3分）	此项目未检查不得分（若故障点已经找到不扣分）	
	8	填写记录	记录完整（1分）	不记录不得分	
记事			主考签字： 辅考签字：		

考核时间：　年　月　日

附表4

工种：电网调度自动化厂站端检修员			等级：中级工
考核时间：50分钟		题分：30分	
考核题目：处理调度端模拟盘某厂站的一个遥信不对应			
工具、材料、设备、场地	调度模拟屏、SCADA前置机、工作站		
说明事项	独力完成，以某变电站一个断路器遥信位置不对应处理		

	序号	操作步骤及方法	质量要求	评分标准	得分
评分标准	1	模拟屏一次接线断路器位置判断，遥信点号确认	正确判断点号唯一（4分）	判断不对扣4分	
	2	检查前置机与该厂站远动装置状态是否正常	正确检查（4分）	检查不正确扣4分	
	3	在远动装置正常情况下，遥信接收核对	前置遥信原码与后台解释处理（包括数据库遥信属性）应一致（7分）	遥信接收码不会核对扣7分	
	4	若原始值错误，通知有关人员处理；如原始值正确，检查数据库定义并修改	判断正确，操作规范（4分）	判断不对扣4分	
	5	核对前置机上该厂站的该遥信与模拟屏上的相应遥信是否一致。若不一致，则检查模拟屏相关原件是否损坏	判断正确，操作规范（4分）	判断不对扣4分	
	6	检查该断路器遥信与现场对位	修改正确（4分）	判断不对扣4分	
	7	记录维护	记录清晰（3分）	检修记录未填写或填写不规范扣3分	
记事			主考签字： 辅考签字：		

考核时间：　年　月　日

附录 C 职业技能鉴定（高级工）试题样例（远动自动化相关工种）

第一部分：理论考试试题（共 100 分，考试时间 120 分钟）

一、单项选择题（本大题共 25 小题，每小题 1 分，共 25 分）

在每小题列出的四个备选项中只有一个是符合题目要求的，请将其代码填写在题后的括号内。错选、多选或未选均无分。

1. 遥信信号输入回路中常用（ ）作为隔离电路。

A. 变压器 B. 继电器

C. 运算放大器 D. 光电耦合器

2. 在地区电网自动化应用软件实用化考核指标中，遥测状态估计合格率的高档指标应≥（ ）。

A. 90% B. 92% C. 95% D. 98%

3. 检定变送器基本误差前，应进行预处理，变送器接入线路进行预处理的时间为（ ）。

A. 15min B. 25min C. 30min D. 35min

4. 以下哪个不是主机安全防护的主要方式（ ）。

A. 安全配置 B. 安全补丁

C. 安全主机加固 D. 安全备份

5. 路由器工作在 OSI 模型的哪一层？

A. 网络层 B. 数据链路层 C. 表示层 D. 物理层

6. 遥控控制字命令字是（ ）。

A. 71H B. EBH C. D7H D. E2H

7. 网卡工作在（ ）。

A. 物理层 B. 网络层 C. 数据链路层 D. 表示层

8. 防火墙能阻止的下列攻击是（ ）。

A. 外部网攻击

B. 内部网攻击

C. 授权用户

D. 利用操作系统缺陷实施的攻击

9. 二进制数据"1001011"，转换为十六进制是（ ）。

A. 75   B. 76   C. 4A   D. 4B

10. RTU 的 A/D 转换芯片质量的优劣，影响（   ）的准确性或精度。

A. 遥控   B. 遥信   C. 遥测   D. 遥调

11. RTU 的数据采集的标准方式为（   ）。

A. 数据量变化传送   B. 数据全送

C. 时间方式   D. 无

12. 遥控屏从电路上分包括遥控对象、（   ）、跳合闸及放电输出三部分。

A. 命令部分   B. 控制部分   C. 校验回路   D. 延时部分

13. DL 451—1991《循环式远动规约》遥控撤销（下行）的功能码是（   ）。

A. E1H   B. FFH   C. F0H   D. E3H

14. DL 451—1991《循环式远动规约》上行信息遥测帧分为 A 帧、B 帧、C 帧，其中 B 帧传送时间为（   ）。

A. 不大于 3s   B. 不大于 4s   C. 不大于 6s   D. 不大于 20s

15. 远动通道传送速率为 1200~2400bps 是（   ）。

A. 高速   B. 中速

C. 低速   D. 以上均不对

16. 现场输入值与调度端监控系统显示值之间的综合误差小于（   ）。

A. ±0.5%   B. ±1%   C. ±1.5%   D. ±2.5%

17. TCP/IP 体系结构中的 TCP 和 IP 所提供的服务分别为（   ）。

A. 链路层服务和网络层服务   B. 网络层服务和运输层服务

C. 运输层服务和应用层服务   D. 运输层服务和网络层服务

18. RTU 接上后通道不正常，则可能损坏的芯片有（   ）。

A. AD572   B. 8279   C. 27256   D. 8251

19. 遥控出口的直流继电器的动作电压应在（   ）直流电源电压之间。

A. 35%~50%   B. 45%~60%

C. 50%~75%   D. 95%~110%

20. 利用 GPS 送出的信号进行对时，（   ）信号对时精度最差。

A. 1PPM   B. 1PPS   C. 串行口   D. IRIG-B

21. 下列（   ）不属于 PAS 系统。

A. 测量与控制   B. 网络建模   C. 状态估计   D. 故障分析

22. 在 IEC 60870-101 规约中，总召唤是指控制站在初始化完成后，控制站必须获得现场设备的所有（   ）信号和所有的模拟量数据。

    A. 状态量　　　　　B. 遥测量　　　　　C. 物理量　　　　　D. 数字量

    23. UPS 进线电缆和输出电缆要求有 A、B、C 三种电源线、中性线和（　　）。

    A. 接地线　　　　　B. 火线　　　　　C. 连接线　　　　　D. 屏蔽线

    24. 光纤收发器正常运行时，如果光纤链路中断，FX 指示灯应呈现（　　）。

    A. 红色　　　　　B. 绿色　　　　　C. 黄色　　　　　D. 灭

    25. RS-232C 标准允许的最大传输速率为（　　）。

    A. 20Kbps　　　　　B. 512Kbps　　　　　C. 300Kbps　　　　　D. 600Kbps

二、判断题（本大题共 25 小题，每小题 1 分，共 25 分）

正确的用"√"，错误的用"×"。请将判断结果填写在题后的括号内。

    1. AGC 不能实现时间误差校正和联络线累积电量误差校正，它们需由人工调整进行校正。（　　）

    2. 对二次回路进入远动装置的控制电缆，可用 500V 绝缘电阻表测量其绝缘。（　　）

    3. 防火墙的基本功能有包过滤规则、地址转换规则、内容过滤、身份认证、流量监控、日志审计和分析。（　　）

    4. 数据网管理系统应能通过图形方式显示网络的拓扑结构、所有网络节点的工作状态、网络节点的工作性能，可以对网络上的数据量进行统计和显示。（　　）

    5. 物理隔离装置采用网络传输方式实现隔离前后两个网络的资源和信息共享。（　　）

    6. 调度中心电力二次系统安全防护的重点是确保电力调度自动化系统及调度数据网络的安全。防护的重要措施是强化电力二次系统的边界防护，同时对电力二次系统内部的安全防护提出要求。（　　）

    7. IEC 60870-5-102 是电力系统电能累计量传输配套标准。（　　）

    8. 电能量采集装置与电能表的通信帧由起始符、从站地址、控制码、数据长度、数据域、帧信息纵向校验码及帧结束等部分组成。（　　）

    9. 在 RTU 发出的信息中使用监督码的作用是使对侧能够判断出收到的信息是否正确。（　　）

    10. 遥控输出采用无源接点方式，接点容量一般为直流

220V、5A。（　　）

11. 远动通道在信噪比 17dB 时误码率不大于 10^{-6}。（　　　）

12. CSMA/CD 是载波侦听多路访问/冲突检测的缩写，它是适用于以太网的技术。（　　）

13. 交换式局域网增加带宽的方法是在交换机多个端口之间建立并发连接。（　　）

14. 状态估计能检测和辨识遥测、遥信信息中的可疑和坏数据，并给出可疑和坏数据信息。（　　）

15. 防火墙是一种访问控制设备，置于不同网络安全域之间的一系列部件的组合，它是不同网络安全域间通信流的唯一通道。（　　）

16. 遥测综合误差不能超过 0.5%。（　　）

17. UPS（逆变电源）只有在交流电源完全中断的情况下才进行逆变。（　　）

18. 调度员下发遥控命令时，只要确信遥控对象、性质无误，不必等待返校信息返回就可以操作"执行"命令。（　　）

19. 当遥测输入的模拟信号为电流信号时，一般不采用公用线形式。（　　）

20. 在 YX 事项中，SOE 显示的时间精确到毫秒，是指事件发生瞬间 RTU 的时间，开关事项显示的时间精确到秒，是收到事项时主站的时间。（　　）

21. 在所有商用数据库系统，采用相同的 SQL 语句通常会得到所要的结果。（　　）

22. 路由器能够支持多个独立的路由选择协议。（　　）

23. 电能量采集系统与厂站终端通信可采用网络通信、电话拨号、专线通道等通信方式。（　　）

24. 调度员下发遥控命令时，只要确信遥控对象/性质无误，不必等待返校信息返回就可以操作"执行"命令。（　　）

25. 静态安全分析，就是研究运行中的电网在一定的网络接线和运行方式下，某一电网设备或线路因故障退出运行后，电网中的设备或线路有无过负荷及母线电压有无越限。（　　）

三、简答题（本大题共 4 小题，每小题 4 分，共 16 分）

1. 组织远动施工是哪些步骤？

2. 远动装置（RTU）可靠性包括哪些方面？

3. 对网络设备运行管理应采取哪些必要的安全措施？

4. 写出 IEC 60870-5-101、102、103、104 规约适用的范畴。

四、计算题（本大题共 2 小题，每小题 4 分，共 8 分）

1. 写出下列二进制的原码、补码、反码。
N1＝＋1001010　N2＝－1001010　N3＝＋0101011　N4＝－0101011

2. 某地区调度自动化系统共有 32 套远动装置，6 月份远动装置故障共计 82h，各类检修共计 48h，通道中断共计 12h，电源故障共计 8h，问该地区远动装置月可用率是多少？

五、作图题（本大题共 2 小题，每小题 3 分，共 6 分）

1. 画出计算机与终端的 RS-232C 连接图。

2. 画出 IEC 60870-5-101 规约中可变帧长的帧格式。

六、论述题（本大题共 2 小题，每小题 10 分，共 20 分）

1. 比较循环式传输规约与问答式传输规约的特点。

2. 下列信息采用 IEC 60870-5-101：2002 规约，主站收到的原码为：

68　10　10　68　08　7B　1E　01　03　21　00　00　9E　0C　0B
0C　07　07　05　15　16

问这是一组什么信息？写出这组信息的内容。

第二部分：技能操作试题（共 100 分，考试时间 150 分钟）

＊＊年度职业技能鉴定"电网调度自动化厂站端检修员"高级工技能考核试卷

考号＿＿＿＿　　单位＿＿＿＿＿＿　　姓名＿＿＿＿　　成绩＿＿＿＿

项　目	技　术　内　容	质量要求	评分标准	得分
1. 设备检测(20 分)	远动装置直流电源故障检测			
2. 故障检修(20 分)	遥控拒动检修			
3. 故障处理(30 分)	厂站信息中断故障的处理			
4. 遥测值错误处理(30 分)	遥测数据错误处理			
记事		主考签字： 辅考签字：		

考核时间：　　　年　　月　　日

第三部分：理论考试试题答案

一、单项选择题

1. (D)；2. (C)；3. (C)；4. (D)；5. (A)；6. (A)；7. (A)；8. (A)；9. (D)；10. (C)；11. (A)；12. (B)；13. (D)；14. (A)；15. (B)；16. (C)；17. (D)；18. (D)；19. (C)；20. (C)；21. (A)；22. (A)；23. (A)；24. (D)；25. (A)。

二、判断题 （本大题共 25 小题，每小题 1 分，共 25 分）

1. (×)；2. (√)；3. (√)；4. (√)；5. (√)；6. (√)；7. (√)；8. (√)；9. (√)；10. (√)；11. (×)；12. (√)；13. (√)；14. (√)；15. (√)；16. (×)；17. (×)；18. (×)；19. (√)；20. (√)；21. (×)；22. (√)；23. (√)；24. (√)；25. (√)。

三、简答题 （本大题共 4 小题，每小题 4 分，共 16 分）

1. 组织远动施工是哪些步骤？

答：组织远动施工大致分以下几个步骤：

① 熟悉图纸。

② 安装准备。

③ 组织人员。

④ 制定安全措施。

⑤ 现场施工。

⑥ 回路检查。分为设备、元件的检查，回路连接正确性的检查和绝缘性检查三类。

⑦ 通电检查。

2. 远动装置（RTU）可靠性包括哪些方面？

答：可靠性包括装置本身的可用性及信息传输可靠性两个主要方面。可用性是指装置正常运行的能力，它是用平均故障间隔时间来衡量。平均故障间隔时间是指远动装置在两个故障间的平均正常时间。

3. 对网络设备运行管理应采取哪些必要的安全措施？

答：对网络设备运行管理采取的必要安全措施有：①关闭或限定网络服务；②禁止缺省口令登录；③避免使用默认路由；④网络边界关闭 OSPF 路

由功能；⑤采用安全增强的 SNMPV2 及以上版本的网管系统。

4. 写出 IEC 60870-5-101、102、103、104 规约适用的范畴。

答：IEC 60870-5-101 是符合调度端要求的基本远动通信规约；

IEC 60870-5-102 是用作电能量传送的通信规约；

IEC 60870-5-103 是为继电保护和间隔层（IED）设备与站控层设备间的数据通信传输的规约。（1 分）

IEC 60870-5-104 是用网络方式传输的远动规约。

四、计算题（本大题共 2 小题，每小题 4 分，共 8 分）

1. 写出下列二进制的原码、补码、反码。

N1＝＋1001010　N2＝－1001010　N3＝＋0101011　N4＝－0101011

解：$[N1]_原$＝01001010　$[N2]_原$＝　$[N3]_原$＝00101011

$[N4]_原$＝10101011

$[N1]_补$＝01001010　$[N2]_补$＝10110110　$[N3]_补$＝00101011

$[N4]_补$＝11010101

$[N1]_反$＝01001010　$[N2]_反$＝10110101　$[N3]_反$＝00101011

$[N4]_反$＝11010110

2. 某地区调度自动化系统共有 32 套远动装置，6 月份远动装置故障共计 82h，各类检修共计 48h，通道中断共计 12h，电源故障共计 8h，问该地区远动装置月可用率是多少？

解：　各套远动装置停用时间＝82＋48＋12＋8＝150h

远动系统停用时间＝150/32≈4.69h

6 月份远动装置月可用率＝$\frac{720-4.69}{720}×100\%$＝99.35%

五、作图题（本大题共 2 小题，每小题 3 分，共 6 分）

1. 画出计算机与终端的 RS-232C 连接图。（正确画出连线 3 分，错（少）画一个扣 1 分；标注清楚 1 分，大部分标注错误不给分）

解：如下图。

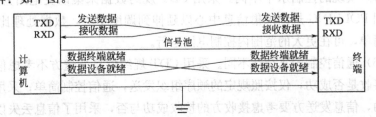

2. 画出 IEC 60870-5-101 规约中可变帧长的帧格式。

解：如下图。正确画出可变帧长的帧格式 3 分，错（少）画一个扣 1 分；标注清楚 1 分。

启动字符(68H)
长度(L)
长度重复(L)
启动字符(68H)
控制域(C)
链路地址域(A)
链路用户数据(可变长度)
帧校验和(CS)
结束字符(16H)

六、论述题（本大题共 2 小题，每小题 10 分，共 20 分）

1. 比较循环式传输规约与问答式传输规约的特点。

答：（1）对网络拓扑结构的要求不同。CDT 规约只适应点对点的通信，故要求通信双方网络的拓扑结构是点对点的结构；而 POLLING 规约能适应点对点、多个点对点、多点环形、多点星形等多种通道结构。

（2）通道的使用率不同。用 CDT 规约传送信息时，调度中心和变电站之间连续不断的发送和接收，始终占用通道；用 POLLING 规约，只在需要传送信息时才能使用通道，因而允许多个 RTU 分时共享通道资源。

（3）调度与变电站的通信控制权不同。采用 CDT 规约以变电站端为主动方，变电站远传信息连续不断地送往调度中心，变电站的重要信息能及时插入传送，调度中心只发送遥控、遥调等命令；而 POLLING 规约以调度中心为主动方，包括变位遥信等在内的重要远传信息，变电站只有接收到询问后，才向调度中心报告。

（4）对通信质量的要求不同。采用 CDT 规约，在通道上连续发送信息，某远传信息一次传送没有成功时，可在下一次传送中得到补偿，信息刷新周期短，因而对通道的质量要求不是太高；采用 POLLING 规约：仅当需要时传送，即使选用了防止报文丢失和重传技术，对通道的质量要求仍比循环式规约高。

（5）实现的控制水平不同。采用 CDT 规约数据采集以变电站为中心；而采用 POLLING 规约采集信息中心以延伸到调度中心，数据处理比 CDT 规约简单，可在更大的范围内控制电网运行。

（6）通信控制的复杂性不同。采用 CDT 规约信息发送方不考虑信息接收方接收是否成功，仅按照规定的顺序组织发送，通信控制简单；采用问答式规约，信息发送方要考虑接收方的接收成功与否，采用了信息丢失以及等待—超时—重发等技术，通信控制比较复杂。

2. 下列信息采用 IEC 60870-5-101：2002 规约，主站收到的原码为：

68　10　10　68　08　7B　1E　01　03　21　00　00　9E　0C　0B

0C　07　07　05　15　16

问这是一组什么信息？写出这组信息的内容。

答：（1）这是一组带长时标的单点信息，即 SOE。

（2）从 1 数的第 33 路遥信变位。

时间　0C9E 化为十进制数为 3230，即 3 秒 230 毫秒

　　　0B 化为十进制数为 11，即 11 分

　　　0C 化为十进制数为 12，即 12 时

　　　07 化为十进制数为 7，即 7 日

　　　07 化为十进制数为 7，即 7 月

　　　05 化为十进制数为 5，即 2005 年

时间为 2005 年 7 月 7 日 12 时 11 分 3 秒 230 毫秒。

第四部分：技能操作试题及评分样例

附表 5

工种:电网调度自动化厂站端检修员			等级:高级工		
考核时间:30 分钟		题分:20 分			
考核题目:远动装置直流电源故障检测					
工具、材料、设备、场地		双线示波器、频率计、万用表			
说明事项		1 人协助操作,但协助人不得提示,只是监护操作人; 安全文明操作演示			
评分标准	序号	操作步骤及方法	质量要求	评分标准	得分
		（现象:主站端收不到厂站端的远动信息）			
	1	在主站端通过示波器观察厂站端上行通道的信号波形为单一频率的正弦波,正弦波的频率大约在 3000Hz 左右。由此可以断定:①远动装置使用的上行通道是正常的;②远动装置有问题	能确定正弦波的频率(5 分)	不能确定正弦波的频率扣 5 分	
	2	根据上面的现象分析可能有以下几种原因:①调制解调器故障;②传送信息的串口有问题;③电源有问题;④程序有问题	能正确判断(10 分)	不能正确判断扣 10 分	
	3	现场检查远动装置的工作情况,用万用表量测电源工作电压发现+5V 电压很低,关掉电源后,甩开它的负载还是很低,则确定其问题	能正确测量(5 分)	不能正确测量操作扣 5 分	
记事			主考签字: 辅考签字:		

考核时间：　　　年　　　月　　　日

附表6

工种:电网调度自动化厂站端检修员			等级:高级工		
考核时间:30分钟			题分:20分		
考核题目:遥控拒动检修					
工具、材料、设备、场地		双线示波器、频率计、万用表			
说明事项		1人协助操作,但协助人不得提示,只是监护操作人;安全文明操作演示			
评分标准	序号	操作步骤及方法	质量要求	评分标准	得分
	1	观察主站端显示的遥测值正确,同时遥测量不断刷新,这说明上行通道是好的,不影响遥控命令的返校	能正确判断(2分)	不能正确判断扣2分	
	2	在调度端用示波器观察下行通道的信号波形是两种频率间隔的正弦波,可以断定主站端是正常的,若要肯定调度端的发码是正常的可以将信号返回,看是否正常	能正确观察和操作(3分)	不能正确操作和观察扣3分	
	3	在变电站端检查,用示波器观察下行通道信号波形与调度端发出的信号波形相同,说明下行通道正常	能正确观察和操作(5分)	不能正确观察和判断扣5分	
	4	用示波器观察调制解调器的数据波形,看脉冲宽度和幅度是否正常	能正确判断(5分)	不能正确判断扣5分	
	5	用示波器检查串行接口部分的电平转换电路,若接口电路坏则遥控信号不能被装置正常接收	能正确判断(5分)	不能正确判断扣5分	
记事				主考签字: 辅考签字:	

考核时间:　　年　　月　　日

附表7

工种:电网调度自动化厂站端检修员			等级:高级工		
考核时间:40分钟			题分:30分		
考核题目:厂站信息中断故障的处理					
工具、材料、设备、场地		远动系统前置机、通道柜、通道测试柜、网络测试仪			
说明事项		人为设置故障,独力完成,文明操作			
评分标准	序号	操作步骤及方法	质量要求	评分标准	得分
	1	信息中断确认:在工作站图形界面上观察到该厂站数据不会刷新,画面上厂站运行工况图标显示为停运状态	正确确定厂站信息中断故障(5分)	不能确定厂站信息中断故障扣5分	
	2	故障的判别与处理:在通道测试柜上用示波器观察信号波形,数字信号为矩形波。若通道正常,则可判断为远动设备故障;若看不到远动信号,则确认是否通道不正常	判断正确(10分)	不能正确确定扣10分	

	序号	操作步骤及方法	质量要求	评分标准	得分
评分标准	3	若在通道测试柜上看到信号正常,说明故障出在通道柜的通信单元或参数设置上。若厂站数据是通过网络方式上送的,应观察该厂站的网络运行指示灯,其判别故障情况	判断正确(5分)	不能正确确定扣5分	
	4	远动信息原码的观察:厂站出现信息中断故障时,可在前置机界面上观察该厂站的信息原码,如果观察不到原码,说明该厂站的数据没有被前置机采集 如果能够看到原码但不同步,或虽同步误码率高,都可能导致厂站信息中断	观察原码和误码率的方法正确(5分)	不能正确确定扣5分	
	5	汇报与记录	汇报人员合理,记录清晰(5分)	不能正确汇报与记录扣5分	
记事			主考签字: 辅考签字:		

考核时间: 年 月 日

附表8

工种:电网调度自动化厂站端检修员		等级:高级工
考核时间:50分钟	题分:30分	
考核题目:某路遥测数据错误的处理		
工具、材料、设备、场地	相关图纸资料,个人工具,仪器、仪表、变电站远动设备	
说明事项	熟悉遥测回路结构及万用表和钳形电流表的使用	

	序号	操作步骤及方法	质量要求	评分标准	得分
评分标准	1	检查该路遥测值对应序号	对应序号应正确(3分)	未检查扣3分	
	2	确定该路断路器TA变比	TA变比应与实际变比一致(3分)	未检查扣3分	
	3	检查综合自动化设备参数定义	检查应无遗漏、错误(4分)	未检查扣4分,检查每遗漏1处扣1分	
	4	对照图纸检查二次接线	检查应无遗漏、错误(4分)	未检查扣4分,检查每遗漏1处扣1分	
	5	检查变送器或交流采样单元输出	检查应无遗漏、错误(4分)	未检查扣4分,检查每遗漏1处扣1分	
	6	检查变送器交流辅助电源(测控装置电源)	检查应无遗漏、错误(4分)	未检查扣4分	
	7	检查电压是否缺相或相序接反	检查应无遗漏、错误(4分)	未检查或检查错误扣4分	
	8	检查电流极性是否正确	检查应无遗漏、错误(4分)	未检查或检查错误扣4分	
记事			主考签字: 辅考签字:		

考核时间: 年 月 日

参 考 文 献

[1] 柳永智，刘晓川. 电力系统远动. 北京：中国电力出版社，2003.

[2] 盛寿麟，电力系统远动. 北京：中国电力出版社，1992.

[3] 龚强，王津. 地区电网调度自动化技术与应用. 北京：中国电力出版社，2005.

[4] 何升. 远动自动化. 北京：中国电力出版社，1999.

[5] 张永健. 电网监控与调度自动化. 北京：中国电力出版社，2004.

[6] 张惠刚. 变电站综合自动化原理与系统. 北京：中国电力出版社，2004.

[7] 唐涛，诸伟楠，杨议松等. 发电厂与变电站自动化技术及其应用. 北京：中国电力出版社，2005.

[8] 朱松林. 变电站计算机监控系统及其应用. 北京：中国电力出版社，2008.

[9] 毕胜春. 电力系统远动及调度自动化. 北京：中国电力出版社，1999.

[10] 高翔. 数字化变电站应用技术. 北京：中国电力出版社，2008.

[11] 郑州市电业局. 远动及通信. 北京：中国电力出版社，2005.

[12] 电力行业职业技能鉴定中心. 电网调度自动化运行值班员. 北京：中国电力出版社，2007.

[13] 孟祥萍. 电力系统远动与调度自动化. 北京：中国电力出版社，2007.

[14] 电力行业职业技能鉴定中心. 电网调度自动化厂站端调试检修员. 北京：中国电力出版社，2007.

[15] 吴功宜，吴英等. 计算机网络教程. 北京：电子工业出版社，2003.

[16] 杨新民. 电力系统综合自动化. 北京：中国电力出版社，2002.

[17] 丁书文，黄训城，胡起宙. 变电站综合自动化原理及应用. 北京：中国电力出版社，2003.

[18] 王士政. 电网调度自动化与配网自动化技术. 北京：中国水利水电出版社，2003.

[19] GB/T 14429—93

化学工业出版社电气类图书推荐

书号	书　　名	开本	装订	定价/元
00772	继电器及继电保护装置实用技术手册	16	精装	85
00333	电缆及其附件手册	16	精装	72
02017	电力电缆头制作与故障测寻	大32	平装	22
02383	电力电缆选型与敷设	大32	平装	20
02014	工厂实用电气技术问答	大32	平装	20
01079	三相异步电动机检修技术问答	大32	平装	18
01362	直流电动机检修技术问答	大32	平装	18
02363	防腐防爆电机检修技术问答	大32	平装	21
02217	电机节能技术问答	大32	平装	23
9249	小功率异步电动机维修技术	16	平装	39
01535	高压交流电动机检修技术问答	大32	平装	18
02363	防爆防腐电机检修技术问答	大32	平装	23
03224	潜水电泵检修技术问答	大32	平装	27
03968	牵引电动机检修技术问答	大32	平装	28
03742	三相交流电动机绕组布线接线图册	大32	平装	35
01801	实用物业电工技术	大32	平装	25
00911	图解变压器检修操作技能	16	平装	35
9333	化工设备电气控制电路详解	16	平装	25
9334	工厂电气控制电路实例详解	16	平装	25
04212	低压电动机控制电路解析	16	平装	38
04759	工厂常见高压控制电路解析	16	平装	42
01696	图解电工操作技能	大32	平装	21
00023	电工计算100例	大32	平装	19
9786	电工必读	大32	平装	23
9128	电气工人识图100例	16	平装	23
8966	电气技术丛书——UPS应用技术	16	平装	28

书号	书 名	开本	装订	定价/元
9852	电气技术丛书——自备电厂	16	平装	45
01473	电气技术丛书——防雷与接地技术	16	平装	30
02191	电气技术丛书——35kV及以下电力电缆技术	16	平装	25
01755	电气技术丛书——变电所运行与管理	16	平装	26
8213	电气设备丛书——电气测量仪器	16	平装	29
8108	电气设备丛书——电热设备	16	平装	38
7932	电气设备丛书——防爆电器	16	平装	29
8056	电气设备丛书——防雷与接地装置	16	平装	23
9148	电气设备丛书——电机原理与应用	16	平装	32
8701	电气设备丛书——开关电源技术	16	平装	35
00481	电气设备丛书——低压电器	16	平装	33
01089	电气设备丛书——触/漏电保护器	16	平装	32
03277	高压电器故障诊断与维修	大32	平装	18
01221	技术工人岗位培训读本——维修电工(第二版)	大32	平装	26
02926	变压器故障诊断与维修	大32	平装	18
00298	发电机组维修技术	16	平装	43
03630	柴油发电机技术手册	16	精装	98
03779	变电运行技术问答	大32	平装	19
04861	电机轴承使用手册	16	假精	58
04615	供用电技术手册	16	精装	88
04516	电气作业安全操作指导	大32	平装	24
03967	变电站综合自动化技术问答	大32	平装	30
01943	实用电工速查速算手册	大32	平装	22
00482	常用电器与设备维修速查手册	大32	平装	25

以上图书由**化学工业出版社 机械·电气出版分社**出版。如要以上图书的内容简介和详细目录，或者更多的专业图书信息，请登录 www.cip.com.cn。

地址：北京市东城区青年湖南街13号 （100011）

购书咨询：010-64518888

如要出版新著，请与编辑联系。电话：010-64519265（高墨荣） Email：gmr9825@163.com